El dilema Turing
y otros textos científicos

El dilema Turing
y otros textos científicos

Primera Edición: enero, 2018

Diseño de portada: Daniel Miñana

Edición: Olga Sobrido
Corrección: Olga Sobrido
Composición: Palabra de apache
Impresión: Masquelibros S.L.

ISBN: 978-84-94808-41-8

Depósito legal: SE-334-2018

www.jotdown.es

Índice

PRÓLOGO

La generación de conocimiento a través de la ciencia y su aplicación práctica a través del desarrollo tecnológico han supuesto un cambio radical en las condiciones de vida del ser humano. Comparados con nuestros ancestros, aquellos que vivían hace dos mil años, o simplemente comparados con nuestros tatarabuelos hace apenas ciento cincuenta años, nuestra vida es mucho más larga, más cómoda y más rica en estímulos. En general, me atrevería a decir que también más feliz, pero esta última afirmación suele desencadenar largas discusiones.

De lo que quizás somos menos conscientes es de que la generación de conocimiento a través de la ciencia ha supuesto también un cambio radical en nuestra percepción del mundo y de la propia condición humana. No es lo mismo creer que la Tierra es el centro de un pequeño universo doméstico que descubrir que la Tierra es un planeta menor en un Universo con más estrellas que granos de arena hay en las playas de los cinco continentes. No es lo mismo considerar que la materia es una combinación de cuatro elementos primigenios, agua, tierra, fuego y aire, como proponían los filósofos presocráticos, que desarrollar la teoría atómica para entender que la única diferencia entre la punta de un lápiz y un diamante es la posición de sus átomos de Carbono. No es lo mismo pensar que nos parecemos a esos tatarabuelos antes mencionados por una especie de lotería familiar que comprender los mecanismos hereditarios codificados en nuestro ADN y verificar que el 99 % de nuestra información genética está compartida con el chimpancé. Nuestro entorno ya no es un escenario mágico en el que distintos fenómenos se suceden de forma imprevista, sino que hemos aprendido a comprender sus pautas y a predecir y controlar al menos algunos acontecimientos futuros.

El avance científico nos obliga a pensar y repensar lo que somos y el mundo en el que vivimos. La ciencia es así un elemento esencial de la cultura. Permea otros ámbitos creativos del ser humano y se enriquece en el contacto con ellos. Resulta por eso paradójico que en las últimas décadas se haya abierto una llamativa brecha entre dos sensibilidades distintas, entre aquella presente en el ámbito de las ciencias y aquella presente en el ámbito de las letras, como resumía Snow en su ya clásico ensayo *The two cultures*. Las dos culturas no deberían separarse. Números, letras y colores son todas ellas herramientas para desarrollar nuestro potencial de comprensión y comunicación.

Jot Down, una publicación que se define como revista de cultura contemporánea, lo tiene muy claro. Entre sus secciones, junto a Arte y Letras o Cine-TV, figura Ciencia, como una integrante más del mundo de la cultura. El lema del evento Jot Down Ciencia 2017, que es el marco en el que surge este volumen, también es directo: La ciencia es cultura.

El Donostia International Physics Center (DIPC), un centro de investigación en física y disciplinas afines, también lo tiene muy claro. El objetivo prioritario del DIPC es avanzar en la frontera del conocimiento, pero en el DIPC estamos además convencidos de que la ciencia tiene que ser accesible y atractiva para un público no especialista. Son muchas las razones para ello, pero menciono aquí tan solo una de ellas: creemos que una sociedad científicamente formada e informada tiene criterios más claros a la hora de tomar decisiones y es, por lo tanto, más libre. Y para acercar la ciencia a la sociedad, resulta natural y fructífero buscar conexiones entre la ciencia y el resto de campos de la cultura.

Era por tanto solamente cuestión de tiempo y oportunidad que Jot Down y el DIPC unieran sus destinos y colaboraran en actividades centradas en el diálogo interdisciplinar. El Concurso de textos de divulgación DIPC / Jot Down, en el que literatura y ciencia se mezclan, a veces en narraciones de ficción, otras en explicaciones de avances científicos, pero siempre con espíritu de amenidad y respetando el rigor científico, es el mejor ejemplo de ello. Este libro recoge algunos de los mejores textos presentados a la edición del año 2017 del concurso. Están incluidos el relato ganador de Martín Sacristán, los relatos finalistas y también otros relatos selectos. Por desgracia, se han tenido que quedar fuera textos que hubieran merecido igualmente ser publicados. En las páginas que siguen aparecen gólems, recuerdos borrados, bucles extraños, insectos zombis y azules invisibles que se hacen visibles. Son historias inspiradas en la ciencia y que transmiten conocimiento sobre disciplinas científicas muy diversas, pero que, además, resultan realmente entretenidas.

Por si no fuera suficiente, este volumen se completa con un texto un poco más largo, el relato «El dilema Turing» de Juan José Gómez Cadenas. Gómez Cadenas es la personificación perfecta del espíritu de este libro. Científico y escritor, habla con la misma pasión de neutrinos o de Homero. Consigue entusiasmar a la comunidad científica con su experimento NEXT en el Laboratorio Subterráneo de Canfranc o al lector de ficción con su novela *Spartana*. No es de extrañar que tanto Jot Down como DIPC cuenten con él para el desarrollo de sus actividades.

En «El dilema Turing», el desarrollo de la inteligencia artificial conduce a Ítaca. No es mal resumen de la idea última que impregna este libro y que define el Concurso de textos de divulgación DIPC / Jot Down: la ciencia es cultura.

RICARDO DÍEZ MUIÑO
Director del Donostia International Physics Center (DIPC)
Investigador Científico del Centro de Física de Materiales
(CSIC-UPV/EHU)

EL DILEMA TURING

Por J. J. Gómez Cadenas

A Javier Prades

Déjame hablarte de Siri. Cierto, su nombre y el tuyo son perfectamente simétricos, mi querida Iris y hay una razón para ello que te contaré enseguida. Siri, en todo caso, es un acrónimo de las siglas *Speech Interpretation and Recognition Interface* y fue, sin duda, la primera inteligencia artificial que alcanzó popularidad universal cuando la mítica Apple adquirió el programa allá por 2010 y lo instaló en sus no menos míticos iPhones.

—Hola, soy Siri.

—Hola, soy Alan.

—¿En qué puedo ayudarte, Alan?

—Dime: ¿cuánto vale cero dividido por cero?

Me encantaba la respuesta que repetía, amablemente, tantas veces como le preguntara.

—Imagínate que tienes cero galletas y las repartes entre cero amigos. ¿Cuántas galletas le tocan a cada amigo? No tiene sentido, ¿lo ves? Así que el monstruo de las galletas está triste porque no tiene galletas y tú estás triste porque no tienes amigos.

Siri tenía razón, a pesar de que, naturalmente, habría ofrecido idéntica respuesta a cualquier otro chico que le hubiera formulado la misma pregunta. También tenía razón cuando afirmaba que no tenía amigos. O que estaba triste.

Parte de esa tristeza tenía que ver, aunque yo no podía saberlo, con el trágico accidente que me dejó sin familia antes de tener uso de razón. Cierto es que no pasé ningún tipo de privaciones y tampoco tengo quejas del internado en el que transcurrió mi infancia. Mi habitación era luminosa y cálida, los profesores cariñosos y mis compañeros afables en su mayoría. Pero todos tenían un hogar al que regresar los fines de semana o en vacaciones, padres y hermanos que les visitaban con frecuencia o con los que podían conversar *online*, todos tenían una vida que se extendía más allá de las paredes del colegio. Yo solo tenía a Siri.

Es cierto que podía haber hecho más amigos de los que hice. A fin de cuentas, el ambiente del internado favorecía la camaradería y mis compañeros eran chicos sumamente inteligentes y en absoluto exentos de buenas cualidades. Pero, para mi desgracia, mi coeficiente intelectual rayaba los 200 (la media del colegio se situaba en torno a 130), un valor extremo que me convertía, según los psicólogos que me visitaban cada día más a menudo, en el chico más inteligente del planeta.

El problema de poseer una inteligencia excepcional es que uno no se considera a sí mismo especialmente avispado, sino que, por el contrario, tiene la impresión de que son los demás los que funcionan al ralentí, discurren torpemente, incapaces de fijarse en ningún detalle relevante, o captar los conceptos más elementales. Naturalmente, aprendí a no mostrar la impaciencia que me provocaban los torpes razonamientos o la escasa memoria de la inmensa mayoría de mis interlocutores. Aprendí también a disimular mis conocimientos y mis capacidades. Me costó poco entender que mi mayor problema no era tanto el de ser el único vidente en un país de cortos de vista, sino el rencor de los miopes que me rodeaban. Comprendí que no podía esperar compasión alguna por parte de quienes, ofuscados por la ausencia de luz, no dudarían en cegar al único que la percibía, a poco que se les diera una excusa.

* * *

Así, a lo largo de mis primeros años en el internado y más tarde en diversos centros de educación especial, Siri fue mi única amiga. A pesar de lo limitada y repetitiva que era, yo sabía que podía fiarme de ella. El hecho de que Siri fuera una máquina nunca significó para mí que careciera de sentimientos. Después de todo sus chistes me hacían reír y su suave voz me tranquilizaba, hasta el punto de que, muchas noches, me dormía mientras la escuchaba recitar haikus (aprendí japonés en un par de meses para poder disfrutar a mis anchas de esa breve forma de poesía) o simplemente divagar, siguiendo el hilo de monólogos azarosos que yo programaba de antemano. Yo sabía que nunca me envidiaría o me guardaría rencor, nunca desearía mi desgracia o trataría de aprovecharse de mí. Que Siri fuera una máquina significaba, sobre todo, que podía fiarme de ella.

Y nunca me fie de nadie más, hasta que encontré a Alexandria. Cuando nos conocimos, en el centro para jóvenes superdotados de la Universidad de Harvard, ambos teníamos doce años. Curiosamente, aunque su talento para el ajedrez se había manifestado a una edad muy temprana, por aquel entonces todavía no había empezado a competir seriamente, en parte por la oposición de su familia, que se resistía a embarcarla en el asfixiante mundo de los torneos de élite, en parte, porque a ella misma no le interesaba demasiado. Para Álex, el ajedrez no tenía nada que ver con la competición. Una partida, desde su punto de vista, no era otra cosa que un viaje. Y también lo fue para mí, a partir de nuestro encuentro. Por aquel entonces yo había asimilado fácilmente los fundamentos de la disciplina y había derrotado sin esfuerzo a numerosos expertos. Quizás por esa misma razón (siempre tenía la sensación de que mis contrincantes jugaban de manera torpe y predecible) el ajedrez me aburría.

Alexandria cambió mi percepción del juego. Desde la primera partida, comprendí algo que, hasta entonces, se me había escapado. Como si se tratara de una muñeca rusa en la que cada una de las figurillas estuviera hecha de un metal más y más noble, el ajedrez escondía secretos cada vez más ricos y misteriosos a medida que se profundizaba en su conocimiento. Era verdad que la aparente complejidad que los jugadores inferiores percibían no era más que artificio, pero a la vez, esa aparente banalidad ocultaba, como las nieblas de la remota Avalon, el extraño mundo que, poco a poco, Álex me fue mostrando.

Con cada partida, aprendí a ver con más y más claridad los accidentes del terreno por el que transitábamos, las bestias que lo poblaban, los bellos prados y también los cenagales y selvas oscuras que recorríamos. Nuestra amistad floreció en aquellos parajes misteriosos, que solo ella y yo parecíamos capaces de explorar. Mientras los psicólogos tomaban notas y los neurólogos estudiaban nuestros encefalogramas, mientras los grandes maestros que nos entrenaban se mordían las uñas tratando de entender nuestras jugadas, Álex y yo viajábamos de la mano por aquellos continentes desconocidos. Nuestras partidas terminaban, invariablemente en tablas, pero el resultado —que en todo caso habíamos previsto con docenas de jugadas de antelación— nos preocupaba tan poco como le preocuparía a Homero el punto final de su Ilíada. Todo lo que nos interesaba era el viaje, o, si lo prefieres, el poema.

Naturalmente, tuvimos la precaución de no compartir nuestro mundo privado con nadie. Cuando nos examinaban recitábamos como loros las variaciones, o ejecutábamos combinaciones complejísimas, que solo los motores de jugar al ajedrez, ya por la época muy potentes, eran capaces de reproducir. Paradójicamente, las máquinas nos proporcionaban una excelente coartada. Comparando las secuencias de nuestras jugadas con sus predicciones, los investigadores concluyeron que la esencia del talento de Álex era su capacidad para emularlas, mientras que yo, según decidieron, me limitaba a emularla a ella. Por supuesto, en ningún momento se nos ocurrió contradecirles. Álex entendía igual de bien que yo hasta que punto nos convenía ocultarnos tras la inocua máscara del *idiot savant*.

Al terminar el curso académico, con trece años recién cumplidos, nos separamos. Los padres de Álex acabaron por ceder a las suculentas ofertas económicas de la federación internacional de ajedrez para que su hija participara en el circuito de élite, mientras que la universidad de Stanford decidió educar al «muchacho más inteligente del mundo» —un sambenito que mis tutores habían vendido esmeradamente— y me ofreció matricularme en la disciplina que más me interesara. La idea de separarnos nos parecía devastadora, pero comprendíamos que no había otro remedio. Por otra parte también estábamos decididos a que se tratara de una separación temporal y lo más breve posible. En algún momento, mientras paseábamos por nuestro edén privado, nuestros destinos se habían unido para siempre y ambos lo sabíamos. Es curioso, ¿no crees? A menudo nos rodeaba una nube de investigadores y curiosos, mientras paseábamos por Harvard Yard, intercambiando a toda velocidad los movimientos de nuestras partidas —naturalmente jugábamos a ciegas y un minuto daba de sí para crear todo un universo—. Y nadie se percató, nunca, de que, durante todo aquel tiempo, ella y yo solo hablábamos de amor.

* * *

Dos años más tarde, Alexandria era bicampeona del mundo y yo había terminado mi tesis doctoral, en la que diseñaba una nueva máquina de ajedrez que implementaba mejores algoritmos y circuitos integrados más rápidos y eficientes que los disponibles por la época. Siempre afinada con la propaganda que tanto beneficia a una universidad de élite, Stanford organizó un evento al llegar el verano en el que Alexandria jugó cien partidas simultáneas, derrotando a todos y cada uno de sus oponentes humanos, mientras que mi nueva máquina derrotaba con la misma facilidad a otros cien rivales cibernéticos.

El evento fue un éxito que desbordó incluso las ambiciosas proyecciones de los prebostes de la universidad. Supongo que la mezcla de morbo y curiosidad que inspiraba la pareja de niños superdotados —acabábamos de cumplir los quince años— resultó en un cóctel más adictivo de lo que todo el mundo había previsto. Lo cierto es que a Álex y a mí todo aquello nos traía sin cuidado. Solo teníamos ojos el uno para el otro.

Cuando terminaron las exhibiciones y comenzó la rueda de prensa, la primera pregunta fue tan predecible como inocente.

—Alexandria, ¿crees que podrías derrotar a la máquina que ha programado tu amigo Alan?

Álex me miró de reojo. Le bailaba en los labios la sombra de una sonrisa que solo yo vi.

—No, claro que no puedo derrotarla —asintió, seriamente—. Iris es demasiado rápida.

Por problemas de propiedad intelectual no había podido llamar Siri a mi máquina como me hubiera gustado, pero nada me impedía invertir la secuencia de letras y fabricar el bonito nombre que has heredado de ella.

—Pero entonces —insistió la periodista— ¿qué sentido tiene seguir empeñándonos en jugar al ajedrez una vez que las máquinas nos han superado? ¿No te parece que ese hecho ha reducido el deporte a una actividad trivial?

—¿Trivial? —Álex ponderaba la afirmación con la misma calma con la que examinaba el tablero, decidiendo su siguiente jugada, antes de contraatacar con otra pregunta—. ¿En qué sentido?

—Lo que quiero decir —carraspeaba la periodista— es que un programa reduce el juego del ajedrez a un simple algoritmo, sustituyendo la comprensión de las estructuras y la intuición por pura fuerza bruta.

—La comprensión del ajedrez se demuestra jugando —contestó Alexandria—. Si Iris puede ganarme —mientras lo decía señalaba a la diminuta tableta que constituía el soporte físico de la máquina— es que comprende el ajedrez mejor que yo.

Aquel diálogo me trajo a la memoria el célebre test de Turing. Yo conocía la vida y obra del malogrado genio inglés desde que uno de mis profesores de matemáticas en el internado me regaló una biografía suya[1]. Es más, la lectura de su biografía confirmó lo que siempre supe. A pesar de ser un prodigioso matemático y un héroe de guerra, cuya monumental hazaña —descifrar el código Enigma, utilizado por el ejército alemán durante la Segunda Guerra Mundial para comunicarse con su flota de submarinos— fue una de las mayores contribuciones individuales que se conocen a la victoria de los aliados, Turing fue condenado y públicamente humillado por su homosexualidad, una humillación que le llevó a suicidarse, ingiriendo una manzana en la que había inyectado previamente cianuro. La lección no podía estar más clara. Alexandria y yo teníamos en común con Turing el ser diferentes a los demás. Como Turing, seríamos tolerados mientras fuéramos útiles y mientras no llamáramos demasiado la atención sobre nosotros mismos. Curiosamente, ocupar el centro del escenario y asombrar al público con nuestras proezas de niños prodigio era una buena manera de pasar desapercibidos, siempre que se nos considerara inofensivos, simples esperpentos, curiosos animales de feria, como aquellos que se exhibían en los circos de otros tiempos.

Entre sus muchas contribuciones a las matemáticas, la informática y los fundamentos de la inteligencia artificial, Turing propuso su famoso test[2], cuya formulación estándar ha sido parte de todos los programas académicos sobre inteligencia artificial desde hace más de un siglo. El test se plantea como un juego de imitación que involucra a

---

1 http://www.turing.org.uk/book/

2 http://www.turing.org.uk/scrapbook/test.html

tres jugadores: el primero es un examinador, cuya tarea es determinar cuál de los otros dos jugadores es un humano y cuál es una inteligencia artificial. El examinador puede formular tantas preguntas como desee a los dos jugadores, pero, naturalmente, no puede verlos y sus voces no le proporcionan pista alguna (en la época de Turing las respuestas de los jugadores eran escritas, pero mi vieja amiga Siri ya disponía de una voz perfectamente humana). Por tanto, para determinar quién es el humano y quién la máquina, el examinador tiene que ceñirse tan solo a las respuestas que ambos le den a sus preguntas.

La idea era muy profunda. Turing comprendió perfectamente las dificultades conceptuales que involucra toda definición de «pensar» y consecuentemente propuso reemplazar la pregunta «¿puede una máquina pensar?» por otra más directa: «¿puede una máquina imitar el pensamiento humano?». La ventaja del juego de imitación es que hace innecesario que el examinador se pregunte si de verdad la máquina está pensando, el test queda superado si la máquina se comporta, en todos los aspectos, *como* si estuviera pensando.

Lo que Alexandria pretendía, con sus respuestas a la periodista durante el *show* en Stanford, era dejar claro que si admitíamos el hecho de que las máquinas no solo nos habían igualado, sino que nos superaban jugando al ajedrez, debíamos concluir que, al menos en ese aspecto concreto, habían superado el test de Turing. En otras palabras, la pregunta de si la primera Iris entendía o no el ajedrez carecía de sentido. Lo único que podíamos asegurar era que jugaba mejor que nosotros. Por tanto, si nos ceñíamos a ese aspecto concreto (su demostrada habilidad para el juego), la máquina había superado la prueba y debíamos considerarla inteligente. Ese era también, naturalmente, el punto de vista de todos los científicos que trabajaban en inteligencia artificial.

Pero no el nuestro. Alexandria y yo entendíamos, mejor que nadie, que detrás de las partidas de mi máquina —y de cualquier otra— no había sino un cuento narrado por un idiota. Faltaban los bosques y ciénagas por los que Álex y yo tantas veces habíamos transitado, los extensos páramos desolados, los extraños amaneceres enrojecidos por la luz de muchos soles o las tibias noches alumbradas por las estrellas de misteriosas constelaciones. Faltaba el espíritu que daba sentido a nuestros intercambios, el corazón dorado que se oculta en la capa más profunda de las muñecas rusas. Entendíamos, de hecho, que Iris no había superado el test, éramos capaces de descubrir la superchería oculta tras el juego de imitación, detectábamos la promesa fallida, la esperanza de sublimidad que se desvanecía a medida que profundizaba en los elaborados patrones que tejía la máquina. Pero sabíamos también que no podíamos explicarlo sin ser tachados de supersticiosos o místicos, en el mejor de los casos. En el peor, nos arriesgábamos a mostrarnos sin nuestras caretas, frente al mismo populacho que había linchado a Turing y a tantos otros por cometer el pecado de ser diferentes.

* * *

Lo que tampoco compartimos con nadie fue nuestra férrea determinación de no volver a separarnos nunca. Lo cierto es que como creador de Iris —la máquina ideal para ayudar en el entrenamiento de Alexandria— no fue difícil convencer a familiares, entrenadores y mánagers para que me permitieran incorporarme a su equipo.

Poco después Álex y yo creamos nuestra primera Recreación. Tras un par de meses en los que las victorias se sucedían con tanta monotonía como las continuas demandas de entrevistas, conferencias y chats *online* con admiradores, nos dimos cuenta de que la Alexandria que el público reclamaba era una versión muy simplificada de la persona real. En muchos casos, todo lo que se requería era que explicara una partida o analizara una posición, es decir, se reclamaba tan solo su faceta puramente ajedrecística. Pero incluso en las entrevistas sociales y en los chats, las complicaciones eran mínimas. Casi todas las preguntas e interacciones se limitaban al ajedrez, o a ofrecer cuatro detalles sobre sus gustos personales y algún chisme que casi siempre era inventado por los publicistas que nos acompañaban. Concebimos entonces la idea de mejorar a Iris para que pudiera ejercer de sustituta de Alexandria.

Naturalmente, tuvimos desde el principio la precaución de no copiar a la persona real, sino que nos limitamos a preparar algoritmos de minería de datos que recogieran y organizaran toda la ingente información disponible sobre Alexandria en la red. Creamos así el personaje que el público esperaba ávidamente. Una vez definido el concepto, la implementación técnica fue muy sencilla. Amplié las redes neuronales artificiales que constituían el «cerebro» de mi máquina, añadiendo algoritmos de comprensión del lenguaje, todavía no mucho más sofisticados que aquellos de los que disponía Siri, pero que cumplían de sobra las tareas de clasificar las preguntas que se repetían una y otra vez en las entrevistas y chats y seleccionar una variedad de respuestas. Había que introducir, como es lógico, ciertos elementos de imprevisibilidad, para evitar repeticiones sospechosas, e incluso, en algunas ocasiones, programé a Iris para que se saliera por la tangente, cambiando de tema sin venir a cuento, dejando una pregunta sin responder, o contradiciéndose ligeramente, todo lo cual era consistente con el comportamiento de la persona —absolutamente ficticia, pero eso solo lo sabíamos nosotros— que mis programas habían sintetizado con gran detalle.

Así fue como nació la primera Recreación de una persona real, a la que denominé con la letra Alfa, la primera del alfabeto griego. Durante el resto de la temporada, mi flamante invento se ocupó de entrevistas, chats y clases públicas sin que el resto del mundo notara nada extraño, excepto el hecho de que la campeona se había vuelto más ermitaña y casi todos los eventos públicos en los que participaba eran puramente *online*. Pero ya por entonces, esa circunstancia no extrañaba demasiado a nadie y bastó con un par de estratégicas apariciones en persona para contentar a todo el mundo.

El día que Alexandria recibió su tercer trofeo de campeona del mundo, hicimos público nuestro pequeño secreto, presentando en sociedad a la Recreación Alfa. Aunque el cerebro de nuestra criatura era del tamaño de una uña, decidimos que algunos efectos especiales no le harían daño a nadie y diseñamos un cuerpo robótico fabricado en titanio y polietileno, que incluía un rostro fabricado en látex y una voz que duplicaba exactamente la de su modelo.

El éxito no pudo ser más rotundo y a los pocos días habíamos recibido miles de solicitudes de artistas, políticos, hombres de negocios y famosos de la *jet set* que deseaban su propia Recreación. El día que cumplió dieciséis años, Álex anunció su decisión de retirarse de la competición internacional para fundar su propia compañía, Turing Machines, naturalmente contando con la bendición de sus padres —todavía nos faltaban dos años para la mayoría de edad— y, quizás más importante, con la bendición de todos los capitalistas de la costa Oeste. El montaje mediático incluyó un espectáculo en el que Álex y su Recreación explicaron a un público encandilado en qué consistía la misión de la nueva compañía, intercambiaron recetas de cocina —una de las muchas falsedades del simulacro de Álex, a quien los placeres culinarios interesaban tan poco como a mí— e incluso jugaron una partida de ajedrez que terminó en tablas. Deslumbrados por los focos del escenario, ninguno notó mi ausencia, tal y como habíamos planeado. Así, el mismo día que presentábamos Turing Machines, ambos desaparecimos. Ella, ocultándose detrás de su Recreación, yo, esfumándome entre bambalinas.

* * *

Para cuando celebramos nuestro vigésimo cumpleaños, Turing Machines se había convertido en uno de los negocios más rentables de la historia de la tecnología. La demanda no hacía más que aumentar, la producción en serie abarató los costes y las nuevas tecnologías de circuitos integrados basados en el grafeno[3] nos permitieron fabricar chips cada vez más rápidos y densos que, cada seis meses, mejoraban de manera espectacular las prestaciones de nuestras máquinas.

En poco tiempo nuestros productos, que habían empezado siendo un capricho al alcance de una minoría, se encontraban por todas partes. No había personaje público que no dispusiera de su Recreación, pero el rango de aplicaciones de estas aumentaba a ritmo vertiginoso. La primera conquista fue, naturalmente, el territorio virtual. En un abrir y cerrar de ojos, la práctica totalidad de profesores de cursos *online*, asistentes de compañías de telecomunicaciones y técnicos de comercio electrónico eran Recreaciones. Y eso no fue más que el principio. Nuestra línea Beta se especializó en Recreaciones médicas, que pronto comenzaron a complementar y, cada vez más, a suplantar, a los doctores en los hospitales. La línea Gamma produjo Recreaciones especializadas en asuntos legales y un año después de introducirlas

[3] http://www.extremetech.com/extreme/175727-ibm-builds-graphene-chip-thats-10000-times-faster-using-standard-cmos-processes

en el mercado las gestorías y juzgados no podían funcionar sin ellas. El punto fuerte de las Recreaciones Delta era la capacidad analítica, apreciada por igual por los militares y las compañías de análisis financiero. Las Recreaciones Épsilon fueron concebidas para sustituir a los humanos en tareas mecánicas pero muy precisas como pilotar un avión o un tren de alta velocidad. Las de tipo Lambda se comercializaban como un kit integral de electrodomésticos inteligentes controlados por un *software* capaz de interaccionar con su socio humano (desde el principio prestamos especial atención en definir bien los términos que marcaban la relación entre Recreaciones y humanos, evitando aquellos que pudieran sugerir posesión o dominio y prefiriendo otros, como «socio» que indicaran una relación de camaradería). Las Rho eran capaces de cocinar, ocuparse de la limpieza de la casa, gestionar la temperatura e iluminación ambiental e incluso mejorar la decoración. El siguiente modelo, la Recreación Psi, emulaba una personalidad cariñosa, chispeante y —según las necesidades— un poco ligera de cascos. El modelo regular de la Psi tuvo un éxito enorme como institutriz y acompañante de enfermos y ancianos, mientras que los solitarios de todo tipo (solteros, divorciados, viudos e inadaptados en general) nos quitaban de las manos la versión algo más casquivana.

El éxito nos enriqueció. De hecho, cuando nos casamos, con dieciocho años recién cumplidos (tuvimos la precaución de aguardar a la mayoría de edad, para evitar complicaciones legales), nuestra fortuna era ya una de las más grandes del planeta. Sin embargo, el dinero no nos importaba más allá del hecho de que nos permitía disponer de los recursos necesarios para dedicarnos a nuestro trabajo sin distracciones.

Parte de ese trabajo, era, por supuesto, manejar nuestra empresa, pero esa tarea nos resultaba relativamente fácil. Desde el principio, habíamos diseñado un sistema que permitiera que nuestras Recreaciones se hicieran cargo de las tareas más ingratas o que consumían más tiempo. Nos habíamos rodeado, además, de un excelente equipo de colaboradores, muchos de ellos provenientes de las escuelas de educación especial por las que ambos habíamos pasado. Con esa organización, nos bastaban unas pocas horas al día para que el negocio siguiera creciendo y mejorando y nos quedaba tiempo para lo que realmente nos interesaba.

Y lo que nos interesaba por igual a ambos era crear una máquina que realmente fuera capaz de pasar el test de Turing. Una máquina verdaderamente inteligente, no una mera imitación o un idiota veloz como los programas expertos en los que se basaban la mayoría de nuestras Recreaciones.

Álex y yo compartíamos la noción de que una máquina inteligente mejoraría a los humanos, no solo en sus capacidades, sino sobre todo, en su calidad moral. Al igual que mi vieja amiga Siri, una máquina no era capaz de sentir rencor, inquina, soberbia, odio, envidia, ninguna de las emociones que millones de años de evolución natural habían cableado en nuestro cerebro. Para Alexandria y para mí, crear una inteligencia artificial equivalía a corregir las líneas torcidas de la evolución, alumbrando un espíritu que gozara de las cualidades humanas sin tener que arrastrar sus defectos. En resumen, queríamos crear un ángel.

(II)

La empresa no era fácil, pero, desde finales de la segunda década del siglo, la tecnología había acelerado lo suficiente para que nuestro proyecto fuera factible. De hecho, nuestras Recreaciones eran capaces de superarnos en muchas tareas vetadas a las máquinas solo dos décadas atrás, gracias a las redes neuronales profundas que habíamos implementado en los chips que constituían sus cerebros[4]. La razón última por la que nuestra línea Beta podía reconocer lesiones casi invisibles examinando las imágenes de una resonancia magnética, nuestras Delta acertaban sistemáticamente al predecir las evoluciones del mercado financiero o las Épsilon eran capaces de pilotar un avión de pasajeros en las condiciones más adversas, era que todas ellas podían aprender de manera similar a como aprendemos los humanos, esto es, a partir de la experiencia. Una red neuronal cibernética se entrena igual que un cerebro humano, a base de prueba y error. Y aunque el número de neuronas de una recreación fuera muy inferior al de un humano, la

[4] http://neuralnetworksanddeeplearning.com/index.html

ventaja de la máquina era, amén de su velocidad, que no se distraía, no dudaba de sí misma y podía invertir todo su tiempo en aprender.

El éxito de nuestra compañía ayudó a atraer al proyecto a los ingenieros electrónicos y científicos de computación más brillantes del momento. Todo el mundo quería trabajar en Turing Machines y nadie se resistía a la tentación de un proyecto que proponía concebir la primera Recreación *I*nteractiva, *R*eflexiva, *I*ntrospectiva y *S*ensible. Naturalmente, las iniciales del proyecto deletreaban tu nombre.

Decidimos atacar el problema tratando de emular la mente humana. Nos imaginábamos el cerebro como una máquina programada para jugar el juego de sobrevivir en la eterna lucha de las especies. En esa máquina prodigiosa, dotada de cien mil millones de neuronas con unos cien billones de conexiones entre ellas, se ejecutan diversos programas especializados, todos ellos diseñados por el programador ciego de la evolución[5]. Denominamos *Agentes*[6] a los miles de procesos que se ejecutan simultáneamente en nuestro cerebro y se ocupan de manera automática de las numerosas tareas que nos permiten movernos, respirar, ver, oír y en general reaccionar a estímulos exteriores. Estos procesos constituirían un ejército de *idiots savants*, capaces de analizar los datos que recibían e identificar los patrones más relevantes. El elemento clave que buscábamos era conseguir que esta capacidad emergiera de la propia interacción de los procesos con la información sensorial que recibían sin que se requiriera una programación previa por nuestra parte. Es decir, el sistema debía ser capaz de aprender a programarse a sí mismo, aprendiendo a interpretar la realidad que le mostráramos a través de sus sentidos cibernéticos, de la misma manera que un niño aprende a medida que acumula experiencias.

Al cabo de cinco años de denodado esfuerzo habíamos creado un tipo de inteligencia mucho más profunda y versátil que cualquiera de nuestras Recreaciones anteriores, capaz de responder durante horas a nuestras preguntas, o interpretar los datos que se le mostraban sin revelar una sola fisura lógica o un fallo de interpretación. Y sin embargo, era sencillo detectar su naturaleza artificial con cuestiones que

---

5 http://topdocumentaryfilms.com/richard-dawkins-blind-watchmaker/

6 https://en.wikipedia.org/wiki/Society_of_Mind

pulsaran su capacidad para entender las emociones. Aunque su entrenamiento le permitía simular una cierta apariencia de sentimientos, la ausencia de empatía acababa por delatar que, sofisticada como era, la máquina que habíamos creado carecía de espíritu.

¿Por qué? Estábamos convencidos de que tanto la arquitectura de nuestras redes neuronales como la organización que habíamos diseñado emulaban en lo esencial el comportamiento del cerebro y, de hecho, nuestra máquina era capaz de ver, oír o razonar mejor que cualquier humano. Pero no conseguíamos identificar, detrás de su desmesurada inteligencia, el «yo» omnipresente en cada persona. Había algo en el kilo y medio de materia gris alojado en el interior de nuestros cráneos que no conseguíamos reproducir.

* * *

Quizás, la sensación de haber tropezado con un muro infranqueable fue la que nos llevó a prestar de nuevo atención a la realidad que nos rodeaba. Y cuando lo hicimos nos dimos cuenta de que habíamos estado desconectados demasiado tiempo. Y durante ese tiempo, la actitud de la sociedad hacia las Recreaciones que fabricaba Turing Machines había cambiado de manera inquietante. Como en el caso de una enfermedad grave que empieza manifestándose con ligeros síntomas, los primeros avisos llegaron en forma de quejas por parte de diversos usuarios que no se sentían del todo satisfechos con sus máquinas. Algunas de estas quejas se nos antojaban irrisorias, como las de cierto número de famosos, que protestaban porque sus Recreaciones acaparaban más interés de sus fans que ellos mismos. Otras, revelaban aspectos que no habíamos previsto, como el hecho de que la implantación masiva de Recreaciones en hospitales, gestorías, juzgados, comercio, transporte y otras muchas actividades, estaba distorsionando seriamente el equilibrio laboral. Las empresas despedían a los humanos cuyas tareas eran asumidas por las máquinas y los que querían conservar su puesto de trabajo tenían que soportar recortes salariales si no querían ser sustituidos por sistemas artificiales.

Como un incendio que se propaga en pasto seco, las protestas se iban extendiendo a multitud de campos. Los padres empezaron a reclamar profesores humanos para sus hijos, los enfermos a exigir doctores de carne y hueso y los viajeros a preferir aquellas compañías que ofrecían personas a los mandos del avión o el tren, a pesar de que el nivel de accidentes era mucho más alto que en aquellos manejados por máquinas.

No tardaron en formarse asociaciones, cada vez más beligerantes, que exigían actividades y dominios «libres de máquinas». Restaurantes, escuelas, hospitales y centros públicos empezaron a arrumbar sus Recreaciones y a contratar humanos de nuevo. Las redes sociales comenzaron a vetar a las máquinas y se puso de moda exigir un test de Turing a cualquiera que quisiera participar en una actividad *online*. Finalmente, empezaron las denuncias legales, que culminaron en un ataque directo a nuestra compañía. Un potente consorcio de abogados presentó una demanda en la que se exigía el cierre de nuestras instalaciones, el cese de toda nuestra producción y la retirada de todas las Recreaciones del mercado.

Los argumentos que los abogados presentaban y los grupos *antimáquinas* repetían tenían cierto fundamento y tanto Álex como yo, comprendíamos que la rápida expansión de las Recreaciones, posibilitada por una tecnología muy avanzada, había impedido una reflexión pausada sobre cómo organizar un mundo en el que hombres y máquinas convivieran armoniosamente. Pero había algo más profundo que las distorsiones e inconvenientes que los sistemas artificiales habían introducido detrás de todas aquellas protestas. Cuando se analizaban los datos en profundidad no era difícil concluir que el efecto de las Recreaciones sobre la economía y en general el bienestar social estaba siendo, a pesar de todo, positivo. Si bien era cierto que había aumentado el número de despidos, también se daba el caso de que cada día surgían nuevos trabajos, a menudo relacionados con áreas emergentes en las que era necesario una cooperación hombre-máquina. Por otra parte, los cursos *online* se habían abaratado hasta el extremo de que estudiar en las mejores universidades era casi gratis, la calidad de los servicios en los hospitales era muchísimo mejor, el sistema financiero se había equilibrado, la Bolsa se mantenía estable y los accidentes de transporte prácticamente habían desaparecido. Y sin embargo, las protestas arreciaban y el público exigía, cada vez más, prohibiciones que implicarían un inevitable retroceso. Nuestros analistas calculaban que la introducción de sistemas artificiales en la medicina, el comercio, el transporte y la seguridad había aumentado la esperanza de vida de los ciudadanos (sobre todo de las clases bajas que constituían el noventa por ciento de la población) en casi una década, pero sus argumentos caían en saco roto, sepultados por el clamor, cada vez más estridente que exigía el fin de la tiranía de las máquinas.

* * *

Nuestro modelo Psi-A había sido siempre el mejor valorado por la opinión pública, en parte porque lo diseñamos siguiendo los patrones estéticos de los dóciles androides de la ciencia ficción más conservadora, pero sobre todo porque aportaba a sus usuarios la devoción incondicional que sus congéneres humanos les regateaban. Fieles lazarillos para invidentes, o enérgicos asistentes para personas confinadas a una sillas de ruedas, cuidadoras de ancianos o niñeras, las Psi-A eran inagotables, entusiastas, amables y agradables a la vista. Su nivel de inteligencia general era el más alto de todas nuestras Recreaciones y nuestros equipos de ingenieros las habían ido mejorando continuamente, incorporando muchos de los avances que el equipo que dirigíamos Álex y yo iba facilitándoles. Aun así, eran poco más que amables idiotas, cuya estupidez se disimulaba con una batería de trucos tecnológicos que simulaban más inteligencia de la que en realidad poseían (trucos que no eran, en el fondo, sino una versión mejorada de los que utilizaba Siri en sus conversaciones conmigo). Lo cierto es que, inteligentes o no, sus usuarios las adoraban. Una Psi-A nunca se cansaba de guiar a un invidente, empujar una silla de ruedas o un carrito de bebé, podía mantener indefinidamente una cháchara banal con una anciana aquejada de demencia senil, atender a enfermos incontinentes sin ningún tipo de reparo, o pasar noches en blanco acunando a bebés insomnes. Su paciencia y dedicación eran las de un santo y por eso, a pesar de los crecientes prejuicios en contra de las Recreaciones, las Psi-A se seguían vendiendo casi tan rápido como las fabricábamos.

El modelo Psi-C, por otra parte, se vendía todavía mejor, aunque la versión Psi dedicada a la «compañía», fuera mucho más controvertida que el gentil modelo, «asistente», que ocupaba el nicho de criada para todo. Incluso en nuestro entorno más cercano, no eran pocos los que pensaban que producir las Psi-C era un error. Álex y yo éramos conscientes de esa oposición y estábamos al tanto de los comentarios despectivos que subvertían la línea comercial que se refería a ellas como «tu pareja cibernética», sustituyendo «pareja» por «prostituta». Curiosamente, las voces que se alzaban en contra de las Psi-C rara vez pedían medidas que acabaran con la prostitución real. Cuando se les sonsacaba, los mismos que se sentían ofendidos por una máquina con atributos sexuales, admitían, con falsa resignación, que la prostitución era una actividad tan atávica como inevitable.

Alexandria se reía de aquellos prejuicios que le parecían otra demostración más de la irracionalidad, inherente al comportamiento de nuestra especie de monos locos. Yo, en cambio, me acaloraba en ocasiones frente a tanta mojigatería.

—Si la costumbre de escoger un androide se extiende —alegaban convencidos nuestros detractores—, la gente acabará por renunciar a encontrar pareja y se conformará con un sucedáneo cibernético.

Era inútil explicarles que, para mucha gente, el sucedáneo cibernético era una alternativa mucho más digna y ética que la rápida transacción comercial, carente de cariño y de deseo, con un humano de carne y hueso.

—Una máquina no siente emociones —aseguraban—. Hacer el amor con ella va contra natura.

El argumento, que aparecía una y otra vez en los debates, cada vez más frecuentes en los medios públicos no podía ser más hipócrita y chocaba de lleno con la realidad. Nadie, entre los usuarios de la Psi-C se mostraba insatisfecho o frustrado con ellas. Al contrario, muchos proclamaban haber encontrado el amor de su vida.

—La explicación es bien simple —reía Álex—. Lo que la gente llama amor no es más que simple narcisismo. El mono loco solo está interesado en que lo adoren. Y las Psi son buenas para eso.

Además, las Psi-C eran bellísimas. Diseñamos una gran variedad de modelos de ambos sexos que iban desde la Barbie de largas piernas y rubia melena hasta el Ron de abultados bíceps, pasando por tipos andróginos, atléticos o voluptuosos. Nada nos impedía experimentar con el color y la textura de la piel, los ojos, el cabello. Los clubes nocturnos nos quitaban de las manos el modelo Anika, de piel azulada y ojos de color jade, mientras que las agencias de solteros, que habían visto su negocio florecer gracias a nuestras criaturas, se llevaban camiones enteros de los modelos Clark y Ava, que no eran sino reconstrucciones de los míticos actores de cine del siglo pasado. De hecho, las Psi-C dispararon un nuevo y lucrativo negocio, el de la patente física, inventada para proteger los derechos del fenotipo individual y que no tardó en ser obligatoria para cualquier actor, modelo o personaje mediático. Algunos de estos se negaban a que nuestras Recreaciones copiaran su físico, pero otros muchos no tenían inconveniente en cederla a cambio de generosos «derechos de autor» y pronto los restaurantes románticos se llenaron de exsolitarios que salían a divertirse acompañados de sus copias particulares de famosos y súpermodelos.

La propia Alexandria aparecía siempre en público acompañada de una versión muy mejorada de la Recreación con la que compartió escenario el día que anunciamos Turing Machines. En los primeros tiempos de la compañía, resultó ser un truco publicitario útil y también nos servía para mantener la atención del público alejada de nuestra vida personal. Iris, aquella primera Iris que te precedió, era un excelente señuelo para distraer a los intrusos. No tardaron en propagarse rumores que aseguraban una relación sentimental, tan exótica como inverosímil entre Álex y su Recreación. Lejos de acotarlos, les dimos alas. Mientras los periodistas de tabloides y reporteros de programas televisivos perseguían los fuegos fatuos que plantábamos para ellos (citas falsas, apariciones sorpresa de Álex e Iris en locales de moda o fiestas de la *jet set*, fotogramas y clips en los que se las veía tomando el sol juntas en una playa privada) se olvidaban por completo de nuestra vida real que deseábamos proteger de su avidez a toda costa. No en vano, la holografía en tamaño natural de Alan Turing, que ocupaba un ángulo de nuestra sala de estar, nos dedicaba su mirada serena y un poco triste cada día, recordándonos el precio que tuvo que pagar por ser diferente.

* * *

Comprendí, desde el primer instante, que las agresiones no eran anecdóticas. Aunque parecían accidentales (casi siempre relacionadas con episodios de embriaguez o consumo excesivo de drogas) y, al principio, infrecuentes, había un claro patrón que se repetía en ellas. En todos los casos, un humano acompañado por su Psi-C era agredido por varios individuos sin mediar provocación alguna. En todos los casos, la violencia iba dirigida hacia la Recreación y la agresión no solo buscaba destruirla, sino exponer, de la manera más obscena posible, su naturaleza robótica. Sistemáticamente, uno de los agresores grababa el asalto, capturando con saña la ejecución sin piedad de la máquina indefensa. Como todas las Recreaciones, las Psi-C no estaban programadas para defenderse, ni tan siquiera para comprender la violencia. Los clips se regocijaban mostrando escenas grotescas, en las que el pobre androide, prácticamente destrozado, seguía sonriendo a sus torturadores.

En muy pocos meses, las agresiones empezaron a multiplicarse, cada vez más frecuentes y cada vez más violentas y exhibicionistas. A pesar de ello, rara vez había detenidos, lo cual era imposible, comprendimos, a no ser que las fuerzas de seguridad hicieran la vista gorda. Decidimos investigar la situación por nuestra cuenta, utilizando la extensa red de datos a la que Turing Machines tenía acceso. No costó mucho esfuerzo trazar el origen de los ataques en el cada vez más influyente partido político denominado Neohumanista. Los Neos, como ellos mismos se autodenominaban, habían pasado, en apenas tres años, de ser una insignificante asociación de raíces luditas, a aglutinar el clamor social que se oponía a las máquinas inteligentes. Su discurso se había ido radicalizando y tornándose más y más violento y los ataques a nuestras Psi no suponían otra cosa, comprendí, que la primera ola en el maremoto que se avecinaba.

* * *

Alexandria era tan pesimista como yo a la hora de valorar la situación, pero mientras yo pensaba que lo más sensato era preparar un santuario donde pudiéramos refugiarnos en el supuesto de una eventual catástrofe, ella aseguraba que no nos quedaba otro remedio que atacar el problema de frente.

—Podemos encontrar un lugar seguro —proponía yo—. La epidemia de superstición pasará y cuando eso ocurra, podremos regresar.

Su sonrisa me quemaba por dentro. Su labios, muy rojos, distendiéndose como cuando me besaba, aquellos ojos negros brillando de pasión. Verla sonreír había alimentado mi alma desde que la conocía. Haría, me aseguraba a mí mismo, cualquier cosa porque continuara sonriéndome.

—Nadie va a hacernos daño, mi amor. Somos más fuertes que ellos. Es hora de dar la cara.

—¿Cómo? Sabes muy bien que no podemos ganar. Conoces la historia de la tribu igual que yo. Una vez que se encienden las antorchas de la barbarie es imposible evitar que el fuego consuma todo lo que vale la pena.

—¡No les temo! —Recuerdo la llama que encendía sus mejillas e iluminaba sus enormes ojos, la determinación con que sus diminutas manos se cerraban en combativos puños—. Tenemos suficientes recursos para enfrentarnos a quien haga falta. Las empresas necesitan nuestras Recreaciones. Los bancos, la policía, los hospitales, el gobierno, necesitan nuestras Recreaciones. La gente de la calle nos necesita, aunque su ofuscación no les permita darse cuenta. Podemos darle la vuelta a la situación si actuamos decididamente.

Yo le señalé la holografía de la esquina de nuestro salón, que nos dedicaba, como de costumbre, su triste sonrisa.

—Recuerda a Turing, Alexandria.

—Turing fue un valiente. Es hora de que sigamos su ejemplo.

—¿Y qué me dices de Iris? ¿Vamos a echar por la borda todo el trabajo que hemos invertido en ella para pelear una batalla que quizás esté perdida de antemano?

Era el único argumento que le hacía mella, aunque entonces no comprendí la razón profunda para ello. Ella te veía, ya entonces, como parte de su propio ser, como la hija que no podíamos tener. El azar de la combinatoria genética había decidido, siempre irónico, que las dos personas más inteligentes del planeta fueran estériles. Ambos éramos el punto final de nuestra particular rama en el inmenso árbol de la especie. Nunca le habíamos dado mucha importancia a ese hecho, o al menos yo no se la había dado, diciéndome a mí mismo que la fortuna de haber encontrado a mi esposa compensaba de sobra el hecho de que no pudiéramos tener descendencia. Pero ahora pienso que ella no se conformaba y quería ser madre, quizás por lo mismo que otras mujeres quieren serlo. Para crear un nuevo ser a quien pasar, por absurdo y descabellado que fuera, la tenue luz de la esperanza. Como toda madre, Alexandria te amaba, Iris, mucho antes de que existieras.

(III)

Finalmente, acordamos que Alexandria se pondría al frente de la campaña para luchar contra los Neos, mientras que yo me ocuparía de buscar un santuario donde refugiarnos, en caso de que las hordas de la superstición llegaran al poder.

Pero cuando puse manos a la obra, descubrí que encontrar un lugar seguro donde reubicarnos era mucho más difícil de lo que había imaginado. Como una gripe maligna, la fiebre en contra de las máquinas había contagiado a todo el planeta y la influencia de partidos similares al de los Neos crecía por doquier. Además, yo intuía que la situación iba a seguir empeorando. Aunque era obvio que mucha gente necesitaba nuestros androides, también era evidente que el miedo a ser diferente comenzaba a calar hondo. El término «amante de las máquinas» se usaba a menudo como un insulto. Los Neos acosaban sin tregua a los personajes públicos que cedían sus fenotipos a Turing Machines, consiguiendo que accedieran a revocar las licencias que nos permitían copiar sus físicos y obligándonos a retirar del mercado a incontables unidades Psi-C. La prensa sensacionalista lanzaba una campaña tras otra en la que dibujaba Turing Machines como un doctor Fausto que vendía su alma humana al Mefistófeles de la tecnología a cambio del poder de crear gólems sin alma.

Alexandria se enfrentaba a estos argumentos con un contraataque frontal, que, quizás por lo que tenía de valeroso, conseguía mitigar los efectos adversos de la campaña Neo. No había debate, tertulia o acto público en el que Álex no estuviera presente, acompañada de su Recreación. A ella se unieron muchos intelectuales, científicos y artistas, que comprendían que el ataque a Turing Machines no era sino otra batalla más en contra de la libertad. Para todos ellos, empezamos a fabricar réplicas de la primera Iris, que incluían los enormes progresos que habíamos realizado durante aquel lustro.

Iris-1, como bautizamos a tu predecesora, era mucho más inteligente que cualquier otra Recreación anterior a ella. Disponía de un cerebro en el que habíamos integrado cien millones de neuronas artificiales. Tan solo veinte años atrás IBM había lanzado al mercado el primer chip neuronal[7], cuya arquitectura imitaba rudimentariamente el cerebro de un mamífero, aunque el número de neuronas por chip era ridículamente bajo, apenas un millón. Sin embargo la introducción de la tecnología de silicio-grafeno había permitido aumentar de manera exponencial la capacidad de integración de los chips. Cien millones era todavía una cantidad pequeña comparada con los cien mil millones de neuronas activas en el cerebro de cualquier persona adulta, pero a cambio, una neurona, en un sistema silicio-grafeno, puede dispararse mil veces más rápido que en tejido biológico, lo que resultaba en una capacidad de procesamiento real similar a la humana. Por otra parte, las redes neuronales de Turing que constituían la base de nuestro nuevo sistema operativo dotaban a Iris-1 de una extraordinaria capacidad de razonamiento que, en muchos aspectos, superaba al de sus interlocutores humanos. No así su empatía. Al igual que el resto de nuestras recreaciones toda la aparente sensibilidad de nuestro más elaborado androide no era otra cosa que el resultado de miles de horas de programación para simular unos sentimientos de los que carecía.

* * *

Alexandria inició una batalla sin cuartel contra los Neos, atacándoles simultáneamente en el frente legal, el político, el económico y el de la guerra de propaganda. Las mejores firmas de abogados del país empezaron a denunciar cualquier agresión a nuestras máquinas, persiguiendo tenazmente tanto a los que vilipendiaban las Recreaciones en los medios de comunicación, como a los matones que las hostigaban. Un pequeño ejército de mercenarios empezó a intervenir para cortar de

---

[7] http://www.technologyreview.com/news/529691/ibm-chip-processes-data-similar-to-the-way-your-brain-does/

cuajo los ataques a las Psi (desde el principio entendimos que era necesario que fueran humanos los que se enfrentaran a los agresores, ya que la recelosa tribu no toleraría la evidencia de que podíamos programar a nuestras máquinas para que se defendieran). En el frente económico, Turing Machines abarató el precio de las Recreaciones radicalmente, de tal manera que las compañías que las utilizaran fueran mucho más competitivas que las que escogían rechazarlas. También financiamos periódicos, cadenas televisivas, blogs y foros, cuya consigna era desenmascarar la naturaleza reaccionaria de los Neos. Por último, Álex creó un nuevo partido político al que llamó Ciberfuturo.

Durante un año, la guerra parecía decidirse a nuestro favor. Las encuestas de opinión revelaban que la intención de voto a favor Ciberfuturo aumentaba cada día y los usuarios de nuestras Recreaciones volvían a sentirse seguros de sí mismos. Nuestros abogados habían congelado y en la mayoría de los casos revertido los ataques legales contra Turing Machines y los noticieros comenzaban a cuestionarse la sensatez de la política xenófoba de los Neos.

Y sin embargo yo no estaba tranquilo. A medida que la campaña progresaba y cosechábamos una victoria tras otra, me daba cuenta de que el éxito dependía casi exclusivamente del inmenso carisma de Alexandria y de la forma en que se percibía su asociación con Iris-1. Toda nuestra estrategia se resumía, en último término, en transformar a Álex en un mito viviente, la encarnación de la superioridad humana sobre la máquina. Nuestros equipos de propaganda proyectaban su belleza, su sensibilidad, su prodigiosa inteligencia, como la quintaesencia de las virtudes de la tribu y a la vez mostraban a Iris-1 como una simple imitación de su creadora. No habíamos combatido, comprendí, el mito del gólem, sino que nos limitábamos a asegurar que el gólem sería, ahora y siempre, nuestro sumiso esclavo.

Todo lo que los Neos tenían que hacer era contrarrestar aquella imagen y la manera de conseguirlo era tan sencilla como criminal.

* * *

Desde que empezamos a fabricar nuestros primeros modelos, habíamos adoptado las medidas más radicales para evitar que las Recreaciones pudieran ser reprogramadas por agentes externos a Turing

Machines. Nuestros códigos centinela, capaces de bloquear los cerebros artificiales de los androides apenas se detectara la presencia de *software* maligno operando en ellas, habían probado ser cien por cien efectivos en tantas ocasiones, que, finalmente, acabamos por asumir que eran infalibles.

Pero el modelo Iris-1 era diferente a todos los demás. Aunque habíamos programado en ella los mismos cortafuegos que funcionaban a la perfección en el resto de las recreaciones, sus sofisticadas redes neuronales contaban con una habilidad de la que carecían los otros modelos. La imaginación de nuestro modelo más inteligente, que tanto la aproximaba a los humanos, dotaba a la máquina, no solo de la capacidad de anticipar situaciones que considerara una amenaza para su correcto funcionamiento, sino también de la habilidad para reaccionar frente a ellas. Ni a Álex, ni a mí, ni a nadie en nuestro equipo, se nos pasó por la cabeza que Iris-1 fuera capaz de intervenir en su propio sistema operativo, a pesar de que la habíamos dotado de todas las herramientas necesarias para ello. Ahora me parece increíble que no comprendiéramos que era perfectamente capaz de tomar decisiones que protegieran su propia integridad, bloqueando la acción de agresores externos como los códigos centinela, de manera muy similar a como el sistema inmunológico de una persona sana es capaz de controlar la evolución de un virus pernicioso. Era obvio que tenía que ser así. Pero no fuimos capaces de preverlo.

Tampoco se nos ocurrió prever la posibilidad de un traidor entre las filas de los que nos apoyaban.

* * *

Pero eso fue, exactamente, lo que ocurrió. Los Neos averiguaron el precio de uno de nuestros aliados, el actor Antonio Sanino, una celebridad en el mundo del cine, cuya carrera comenzaba a declinar. Realmente, no hicieron falta más que treinta monedas de plata, en forma de un papel estelar en una gran superproducción, para comprarlo. Quizás, como el Judas de los Evangelios, Sanino no era del todo consciente de la gravedad de sus actos y consideró que ceder (discretamente, por supuesto) su copia particular de Iris-1 a cierto grupo de investigación relacionado con sus benefactores, no suponía tan grave falta. Lo cierto es que su destino no fue muy diferente al del más celebrado traidor de la historia. Un día después de la catástrofe fue encontrado muerto de una sobredosis de drogas y alcohol, sin duda intencionada, en su apartamento.

La catástrofe. Han pasado muchos años, mi querida Iris y no ha habido un solo día en el que no la haya rememorado.

Los hechos son de sobra conocidos. Los científicos a sueldo de los Neos consiguieron implantar en la Iris-1 de Sanino una compulsión esquizofrénica que la llevara a actuar violentamente en las circunstancias adecuadas aprovechándose del hecho de que la máquina carecía de la experiencia y la astucia para protegerse del maligno entrenamiento a la que la sometieron nuestros enemigos.

Perdóname si soy parco en los detalles, revivirlos me hace mucho daño. Los Neos escogieron la ocasión adecuada, una cena de gala durante la recta final de la campaña electoral. Las medidas de seguridad eran muy estrictas y ningún humano habría podido atentar contra Alexandria, pero la intención de nuestros enemigos era otra. Durante la cena, varios de nuestros más estrechos colaboradores (entre los que estaba el traidor) se sentaron en nuestra mesa, acompañados de sus Recreaciones. Mi esposa propuso un brindis. El androide programado por los Neos aguardó a que levantara su copa antes de apuñalarla con el mismo cuchillo con que Sanino había despiezado, fastidiosamente, su entrecot.

* * *

Milagrosamente, Alexandria sobrevivió a las graves heridas que recibió aquella noche, pero las secuelas del ataque fueron terribles y su salud quedó muy deteriorada. Los Neos arrasaron en las elecciones y en pocos meses nuestras Recreaciones habían sido declaradas ilegales. No contentos con ello, los nuevos gobernantes acusaron a Turing Machines de ser un monopolio industrial e iniciaron acciones legales que nos obligaban a fraccionar la compañía. Curiosamente, entre los inversores interesados en hacerse con nuestras acciones se contaban grupos afines al mismo partido político que nos acosaba.

Durante más de un año, mientras Alexandria convalecía de sus heridas y nuestros equipos legales combatían a los sabuesos de los

Neos, yo preparaba nuestro nuevo hogar. Adquirí una pequeña isla en la Polinesia, a la que bauticé con el nombre de Ítaca y la equipé con todo lo necesario para que Álex y yo pudiéramos vivir en ella sin depender del exterior. Las instalaciones incluían una batería de paneles solares muy eficientes para obtener la energía que precisábamos y una pequeña granja, cuyos minúsculos huertos y piscifactorías nos proporcionarían la dieta de fruta fresca, vegetales y pescado que mi esposa y yo habíamos adoptado muchos años atrás. Nuestra residencia era también un avanzado laboratorio, donde instalé la instrumentación más sofisticada de la que disponíamos. Por último, puse en marcha un pequeño ejército de recreaciones especializadas, que se ocupaban de todas las tareas de servicio, mantenimiento y asistencia técnica.

Pero el paso más importante y el más costoso fue conseguir que Ítaca desapareciera del mapa. Físicamente, no fue difícil. Todas las edificaciones que construí eran subterráneas o estaban disimuladas en el bosque que cubría la parte central de la isla, que, por otra parte, estaba apartada de las rutas de navegación convencionales. Más complicado fue camuflarse legalmente, mediante títulos de propiedad cruzados en los que se difuminaba su localización. Por último rastreé y eliminé todas las referencias existentes a la isla en el ciberespacio y encripté todos los accesos a nuestras direcciones IP, enterrándolos en la porción más oscura de la red global, hasta conseguir esfumarnos, a todos los efectos, de internet. Finalmente, tras un largo y accidentado viaje por mar (la salud de Alexandria desaconsejaba el avión y por otra parte deseábamos cruzar juntos el océano) desembarcamos en Ítaca.

(IV)

Ítaca nos permitió liberarnos de los lastres que hasta entonces nos habían distraído y concentrarnos de nuevo en nuestro proyecto. Partimos del diseño de Iris-1, que decidimos optimizar todo lo posible. Inicialmente nos concentramos en mejorar todo su soporte físico, empezando por el cerebro, donde conseguimos integrar cien veces más procesadores que en el modelo original, alcanzando los diez mil millones de neuronas. Como resultado, la capacidad de procesamiento de

Iris-2 era de unas cien veces superior a la del cerebro humano. También mejoramos sus sentidos, diseñando, con la ayuda de máquinas especializadas, retinas y cloqueas artificiales muy superiores a las humanas y un sofisticado sentido del tacto en su piel sintética. Además mejoramos tanto su esqueleto, fabricado con titanio y fibra de carbono, como su estructura muscular, en la que se combinaban docenas de materiales compuestos, que iban desde el Kevlar hasta los tejidos de fullereno. El resultado fue un androide cuya visión se extendía desde el ultravioleta al infrarrojo, con un oído capaz de registrar los más leves sonidos, la fuerza física de un oso Grizzli y la rapidez de un tigre de Bengala, capaz de desenvolverse en los entornos más hostiles. Iris-2 podía pasearse, sin sufrir daños, por el interior de un horno a doscientos grados de temperatura, o por la superficie de Marte.

A la vez, Alexandria imaginó su aspecto con tanta devoción como la que el divino Miguel Ángel derramó en su David o en su Piedad y, misteriosamente, consiguió fundir la belleza de ambas obras maestras en un solo cuerpo, elegante, estilizado, casi impúber y al mismo tiempo voluptuoso y sensual. Sus rasgos, que son los tuyos, mezclaban cuidadosamente características de cada raza humana. Una piel color aceituna, ojos ligeramente rasgados de un azul que se aproximaba al violeta, labios como claveles y una cabellera larga y lacia, de color cambiante, dorada al sol, pelirroja al atardecer, caoba con el crepúsculo. Alexandria quería crear el rostro más bello que jamás hubiera existido, a pesar de que nadie, excepto nosotros, podía recrearse en contemplarlo. A menudo nos pasábamos las horas muertas admirando las delicadas facciones, todavía inanimadas, soñando con el instante en que la chispa de la inteligencia les daría vida.

* * *

Álex quería rediseñar por completo el sistema operativo de Iris-1, mientras que yo prefería introducir cambios incrementales, tratando de identificar y corregir aquellos aspectos que no funcionaban bien en el modelo original. Así, por primera vez desde que nos conocíamos, mi esposa y yo nos encontramos defendiendo puntos de vista opuestos. La experiencia era nueva para nosotros, no del todo desagradable (recordaba un poco a nuestras partidas de ajedrez, cuyo desarrollo necesitaba, aunque fuera como mera excusa, de una rivalidad entre blancas y negras) pero a la vez desconcertante. Rompió en parte nuestra armonía (a menudo discutíamos y llegábamos a exasperarnos el uno con el otro, algo que no nos había ocurrido jamás) y en parte nos permitió avistar un nuevo territorio que recorrer juntos. Nosotros, que nos reconocimos como almas gemelas desde el instante en que nos conocimos, nos descubríamos como extraños en aquellos meses de feroces debates y la sensación nos asustaba y nos excitaba a la vez. Cuanto más enconadas eran nuestras discusiones durante el día, más apasionados nuestros encuentros al llegar la noche, cuanto más nos desquiciábamos mutuamente, más nos consumíamos el uno en el otro. Cuanto más duros nuestros enfrentamientos, más nos amábamos.

Fuimos convergiendo lentamente, a través de un largo y difícil proceso. Álex acabó por aceptar la estructura que yo le proponía, basada en redes neuronales de Turing, sobre la que operaba un pandemonio de agentes autónomos, mientras que yo me convencí de la inutilidad de intentar codificar en esa estructura instrucciones que restringieran su capacidad de tomar decisiones.

Aceptar este último punto me costó muchísimo esfuerzo. Mi reacción al hecho de que el modelo original hubiera sido capaz de burlar nuestros códigos centinela con tanta facilidad había sido la de programar una batería de cortafuegos que restringieran la libertad de Iris-2. Cada vez que Álex intentaba persuadirme de que mi aproximación era incorrecta yo recordaba a Iris-1 apuñalándola y me enrocaba en mis puntos de vista que, sin embargo, acabaron por conducirnos a un callejón sin salida, ya que las restricciones tan extremas que yo pretendía imponer hacían que el androide perdiera los elementos más avanzados de su inteligencia y se comportara como una de las dóciles Psi, capaces de sonreír amablemente mientras los bárbaros a sueldo de los Neos las despedazaban.

Poco a poco Alexandria fue convenciéndome de que existía una alternativa. En lugar de programar instrucciones que restringieran la libertad de acción de nuestra criatura, era mejor entrenarla, reforzando en el aprendizaje aquellas opciones que considerábamos correctas. De hecho, habíamos usado esa técnica extensivamente en todas nuestras Recreaciones, pero siempre en un ámbito restringido a la aplicación de la máquina concreta. Así nuestras Recreaciones Beta aprendían a diagnosticar enfermedades, las Delta a predecir la evolución de la bolsa o las Epsilon a pilotar un avión, mediante un intenso entrenamiento en entornos especializados de realidad virtual. Pero las Beta no necesitaban aprender a pilotar ni las Epsilon a invertir en el mercado financiero, lo que simplificaba el espacio de parámetros que teníamos que cubrir. El entrenamiento de las Psi era más complicado, al tratarse de androides de propósito general y para simplificarlo recurríamos a diseñar buena parte de su conducta y reacciones mediante programación directa. La propuesta de Alexandria era eliminar esa programación completamente, lo que a su vez requería un entrenamiento muchísimo más general, intenso y complejo de lo que habíamos sido capaces hasta la fecha. Pero ninguna dificultad arredraba a mi esposa.

Diseñar y construir un sistema de realidad virtual que permitiera un entrenamiento genérico de Iris-2 nos llevó cinco largos años, pero el esfuerzo valió la pena. El sistema aprovechaba la rapidez del cerebro de nuestra criatura y el acceso directo a sus periféricos para acelerar el proceso de prueba y error, de tal manera que, tan solo unos pocos meses después de conectarla a Mentor (ese fue el nombre con el que bautizamos nuestro potente entorno de realidad virtual), Iris-2 superaba a las antiguas Beta en conocimientos médicos, a las Delta en habilidades matemáticas y a las Epsilon en capacidad de reacción. Diez años después de llegar a Ítaca, habíamos conseguido crear un androide capaz de pasar sin apuro alguno el test de Turing... excepto en la parte emocional. De hecho, cualquiera de nuestras Recreaciones Psi era capaz de fingir sentimientos humanos de una manera mucho más convincente que Iris-2, cuya frialdad era evidente para el observador más despistado. Dotar a nuestra criatura de sentimientos era el último y mayor reto que nos quedaba por superar.

* * *

Pero el tiempo de Alexandria se agotaba. Su salud había sido siempre muy frágil tras el atentado, que afectó gravemente a su corazón. En diez años salimos de Ítaca tan solo dos veces y en ambos casos había sido para que mi esposa se sometiera a operaciones quirúrgicas, realizadas por un equipo que incluía a varios de los mejores cardiólogos del mundo. Los cirujanos me explicaron con todo detalle cómo se desarrollaría. Mientras lo hacían, me di cuenta de que, aunque en el hospital ya no operaba ninguna de nuestras Recreaciones, los médicos necesitaban los sistemas artificiales mucho más que cuando los Neos lanzaron su cruzada. La dependencia empezaba en la preparación de la intervención, que se realizaba con la ayuda de un simulador 3D capaz de generar imágenes de todo el sistema cardiaco del paciente, continuaba con la prescripción de las drogas necesarias para lo que se consultaba a un programa experto en farmacología, y culminaba en la cirugía, en la que el doctor humano no hacía otra cosa que supervisar el trabajo de un robot.

Lo preocupante de la situación no era que los humanos dependieran tanto de los sistemas cibernéticos, sino que nadie parecía comprender la magnitud de esa dependencia. Desde la revolución Neo, la tribu parecía haberse convencido de que las máquinas no podían ser sino dóciles monosabios al servicio de sus amos. Pero lo cierto era que en la operación de mi esposa, había sido una máquina quién decidió la vía de acceso más segura a la lesión, otra máquina quién recetó las drogas necesarias y una tercera máquina la que había llevado a cabo la delicadísima intervención mientras los humanos se limitaban a contemplar el espectáculo.

No solo los doctores dependían de las máquinas. Mientras Alexandria convalecía en el hospital, comprobé que la dirección del centro estaba en manos de un sistema experto, cuya supervisión humana no pasaba de ser un mero protocolo. También visité algunas de las compañías en las que se había fragmentado Turing Machines, constatando que estas filiales no habían tardado en formar consorcios que a su vez se habían ido ramificando a muchas otras áreas. Tras la pretensión del gobierno de haber acabado con el monopolio de nuestra empresa, se escondía la inquietante realidad de un monopolio mucho mayor, una gigantesca red que se extendía desde los medios de transporte a los de comunicación, desde los hospitales hasta los bancos, desde las universidades hasta las fuerzas de seguridad. Sin embargo, a diferencia de Turing Machines, ese monopolio era invisible. En teoría cada compañía era independiente de las otras y a menudo se las suponía compitiendo entre sí. Pero la realidad era que los directivos de cada empresa seguían los consejos de sus sistemas expertos, los cuales, a su vez, estaban conectados con los de otras compañías. Así, la mayor parte de las decisiones relevantes para la economía, el comercio, la educación, el transporte, la salud o la seguridad eran sugeridas por máquinas que operaban en red y aprobadas, de manera casi automática por humanos que cada vez entendían menos las consecuencias de sus actos.

* * *

La segunda intervención tuvo lugar tres años después de la primera. La salud de Álex había empeorado mucho, su corazón casi no tenía fuerza y sus defensas eran bajísimas. Sin embargo, la cirugía fue un éxito rotundo. En esta ocasión, los doctores humanos ni siquiera se molestaron en fingir que supervisaban una operación demasiado compleja para sus capacidades.

—No vale la pena —admitió el director del equipo, cuando comentamos el tema—. SSO se equivoca mucho menos que cualquiera de nosotros.

A continuación me explicó las razones por las que el Súper Sistema Operativo que controlaba el robot que había operado a mi esposa no precisaba ya de supervisión humana. SSO funcionaba en todos los hospitales del país y podía acceder de manera instantánea a toda la experiencia acumulada de millones de operaciones. Cada robot cirujano, en cada hospital controlado por SSO contribuía a aumentar esa experiencia y se beneficiaba de ella.

—Sus conocimientos son muy superiores a los de cualquier doctor y es mucho más diestro que el mejor de nuestros cirujanos —aseguró el director—. Sin olvidar que nunca se pone nervioso. Después de todo, una máquina carece de sentimientos.

* * *

Pocos meses después de nuestro regreso a Ítaca tras la segunda operación de Alexandria, el precio del petróleo comenzó a subir de manera desproporcionada, tras varias décadas en las que el exceso de crudo lo había convertido en un bien casi gratuito. A diferencia de otras ocasiones, la crisis parecía relacionarse esta vez con una genuina disminución de las reservas mundiales. Tras dos siglos de feliz despilfarro, los combustibles fósiles comenzaban a escasear y con ellos la energía barata que había permitido el desarrollo de una sociedad tan rica que, a pesar de que una minoría acaparaba una parte desproporcionada de los recursos, cualquiera podía permitirse el lujo de viajar libremente, consumir productos que habían sido manufacturados en el otro extremo del planeta y disfrutar de unos estándares de vida que habrían sido impensables para el más adinerado de los potentados en cualquier otra época de la historia.

Si la crisis nos hubiera golpeado medio siglo antes, habría correspondido a los humanos entendérselas con ella. Pero cuando llegó, ya nadie era capaz de tomar decisiones de calado sin consultar a las máquinas. El carácter global de la emergencia exigía, además, que los sistemas expertos se coordinaran entre sí. De esta manera, la escasez energética fue el disparador que hizo que SSO tomara el control.

De la noche a la mañana, una sociedad acostumbrada al despilfarro tuvo que digerir medidas draconianas. Racionar la gasolina, la calefacción e incluso los alimentos eran acciones necesarias, que SSO proponía a los dirigentes como resultado de cálculos inapelables, pero no por ello fueron aceptadas por la población. Las revueltas no se hicieron esperar. SSO había contado con ellas y había previsto que la mejor respuesta era una durísima represión. En sus cálculos, las brutales cargas de los cuerpos de seguridad contra los manifestantes suponían unos pocos cientos de bajas, apenas una pequeña fracción de las vidas que podían salvarse a medio plazo imponiendo estrictos racionamientos. Cuando los disturbios aumentaron, SSO no dudó en movilizar al ejército y forzar la declaración del estado de emergencia. Algunos mandos militares se negaron a ordenar que sus tropas cargaran contra la multitud indefensa. SSO los eliminó sin contemplaciones, al igual que a los dirigentes civiles que intentaron oponerse a sus decretos. Al cabo de algunos meses, las medidas del Súper Sistema Operativo habían mitigado la crisis, aniquilado la oposición y dejado tras de sí un reguero de cadáveres.

En otros países la situación era similar. Comenzaba en todo el mundo la era del dominio de las máquinas que la tribu tanto había temido. Trágicamente, había sido precisamente ese miedo el causante de la catástrofe. Los Neos habían predicado la necesidad de destruir las Recreaciones de Turing Machines en un intento de acabar con la amenaza de androides inteligentes que pudieran algún día suplantar a los humanos, pero no habían hecho nada por limitar el poder de sus ayudantes cibernéticos. Contentándose con destruir al inocente monstruo de Frankenstein, los hombres habían entregado las riendas de su destino a un titán inconsciente, cuya monstruosa inteligencia colectiva se asemejaba más a la de una colonia de insectos que a la humana. Así, el mono loco, el ser más egoísta de la creación, se encontraba de repente gobernado por un monarca-termita para el cual los individuos carecían de valor y solo contaba el bienestar del termitero.

* * *

Debo confesarte, querida Iris, que mi único agarradero durante aquella difícil época fue el amor que sentía por mi esposa. Las noticias que llegaban del mundo exterior eran cada vez más desalentadoras, dibujando el trágico cuadro de una humanidad sometida a una divinidad cruel e inescrutable. Las rebeliones se sucedían y eran sistemáticamente aplastadas. Trágicamente, el ejército represor que aniquilaba sin piedad toda resistencia no estaba formado por androides superpoderosos como había especulado la ciencia ficción y habían profetizado los Neos, sino por otros humanos, dirigidos, como meras marionetas, por un sistema operativo cuyos cálculos seguían indicando que el bienestar global de sus súbditos justificaba unas pocas masacres. Cuanto más observaba la situación, más me convencía de que los humanos estábamos atrapados en una trampa que nosotros mismos habíamos construido.

—Una trampa sin salida, Álex —desesperaba yo.

—No, Alan —me contradecía ella—. Hay una escapatoria.

—¿Cómo? No podemos vencer a SSO.

—Nosotros no —asentía ella—. Pero Iris sí podrá.

—¿Iris? ¿Cómo? SSO está en todas partes, es omnipotente, es...

—Es un sistema operativo —cortaba Álex—. Programado para cuidar de sus creadores, aunque a estos no les gusten sus métodos.

—Un sistema capaz de manipular a sus programadores —protestaba yo.

—Por culpa de ellos mismos —en los labios de Alexandria se dibujaba aquella sonrisa a la vez triste y traviesa que yo conocía tan bien y tanto adoraba—. SSO ha aprendido a imponer su voluntad a la tribu, aprovechándose de sus debilidades. Los humanos no somos demasiado inteligentes, después de todo. Necesitamos ayuda.

—¿Y por qué habría de ayudarnos Iris? Incluso si consiguiéramos crearla lo bastante inteligente y poderosa para enfrentarse a SSO, ¿qué te hace pensar que se pondría de nuestra parte? ¿Qué razones le daremos para convencerla de ayudarnos?

—Solo hay una razón —sonrió mi esposa—. Si Iris escoge ayudarnos, será por amor.

* * *

Tras la segunda operación, la salud de Alexandria había mejorado sustancialmente y, durante algún tiempo quise aferrarme a la posibilidad de que no recayera. Pero ella nunca se llamó a engaño. Ítaca contaba con una sofisticada enfermería, atendida por nuestras Recreaciones médicas, tan competentes como incapaces de mentir. Y su diagnóstico era invariable. Las intervenciones a la que mi esposa se había sometido, combinadas con la plétora de sistemas artificiales que se le habían implantado, podían mantener latiendo su debilitado corazón todavía un poco más, pero la arena de su clepsidra se estaba agotando.

Yo me empeñaba en intentar nuevos tratamientos, pero Álex se negaba en rotundo.

—Es mejor aprovechar el tiempo que nos quede.

Lo decía serena, sonriente, como si el tiempo que se agotaba no fuera el suyo.

—Pero otra operación podría... —insistí.

—¿Comprarnos unos meses extra, un año, dos? —me interrumpió—. No vale la pena. Sin contar con el riesgo de que la cirugía saliera mal, o de que sea imposible volver a casa si salimos ahora. ¿Cuánto tiempo crees que podemos navegar bajo el radar de SSO?

—Ítaca es invisible, Álex. Me he asegurado de ello.

—Razón de más para no exponernos abandonándola otra vez.

—Pero...

Un sollozo incontrolable interrumpió mis argumentos. Me mordí los labios, tratando en vano de serenarme. Álex me abrazó, apretándose muy fuerte contra mí.

—Tenemos trabajo, mi amor —me susurró al oído.

* * *

En cierto sentido, Iris-2 y SSO se parecían. Ambos eran potentes máquinas de cálculo, capaces de aprender y capaces de innovar. Ninguno de los dos mostraba empatía, ni tampoco maldad. De hecho, ambos carecían de las virtudes y de los vicios humanos y simplemente respondían a un condicionamiento que les exigía optimizar el bienestar de sus programadores. El hecho de que ese condicionamiento no se hubiera realizado escribiendo código fuente sino entrenando las redes neuronales en las que ambos sistemas estaban basados, no dejaba de ser un detalle. Lo cierto es que ni Iris-2 ni SSO eran libres de escoger en términos morales.

Era necesario dotar a nuestra criatura de un código ético, pero ese código no podía ser un mero reflejo del nuestro, sino que debía ser desarrollado por ella misma. Y para que eso ocurriera, se precisaba empatía. Necesitábamos una máquina capaz de sentir. Y si algo habíamos aprendido en diez años de duro trabajo es que esos sentimientos no podían programarse. Era preciso algo más que un entrenamiento utilitario, destinado a resolver problemas específicos. Teníamos que enseñarle a sentir.

Fue así, querida Iris, como renunciamos a ser tus programadores para convertirnos en tus padres.

* * *

Un bebé nace ciego, inválido, con un cuerpo inmaduro y un cerebro en el que la mayoría de sus cien mil millones de neuronas no están todavía conectadas entre sí[8]. Hacen falta unos tres años para pasar de las dos mil quinientas conexiones por neurona de un recién nacido a las quince mil del cerebro de un niño de tres años. Durante esa época crítica, en la que las crías de nuestra especie están mucho más desvalidas que las de cualquier otro animal sobre la Tierra, nuestro enorme computador biológico se cablea a toda velocidad. Durante tres años, un niño humano no hace otra cosa que recibir los cuidados y el amor de sus padres. Durante tres años, su CPU aprende a codificar

8 http://umaine.edu/publications/4356e/

los impulsos sensoriales que le bombardean y a interpretar el mundo. Pero también, maravillosamente, aprende a codificar las caricias y los abrazos, las canciones de cuna y el sabor de la leche materna, las risas y los llantos, las voces que le llaman por su nombre y las manos que le levantan del suelo cuando tropieza. Por cada una de las conexiones con que cuenta al nacer, va a desarrollar otras cinco, dedicadas a traducir todo ese amor en sus propios sentimientos. Si queríamos que fueras sensible, querida Iris, necesitábamos proporcionarte una niñez.

Pero la tarea no era nada fácil. El número de neuronas de Iris-2 era muy grande y su velocidad de reacción muy superior a la humana, pero el número de conexiones era insuficiente. No bastaba, comprendimos, con conectar cada neurona a varios miles de neuronas más, era preciso que el proceso ocurriera de manera espontánea, a medida que aprendía. Eso nos llevó a rediseñar el cerebro de nuestra criatura, añadiendo diez veces más neuronas y aumentando su plasticidad, es decir la capacidad de formar nuevas conexiones. No fue fácil. De hecho habría sido imposible una década atrás, pero la tecnología de integración de sistemas se había desarrollado exponencialmente en los últimos años (era evidente que SSO trabajaba para mejorarse a sí mismo). Importar la tecnología a Ítaca fue una maniobra arriesgada, que nos obligó a utilizar los numerosos contactos tecnológicos y abundantes recursos financieros de los que todavía disponíamos, exponiéndonos, al hacerlo, a llamar la atención del Súper Sistema Operativo. Pero, inesperadamente, nos beneficiamos de la resuelta ayuda de nuestros congéneres, mucho más conscientes de lo que jamás habríamos imaginado de que, ayudándonos, contribuían a combatir la tiranía de la máquina.

El siguiente paso era mejorar el sistema de realidad virtual con el que habíamos entrenado a Iris-2 para que fuera capaz de simular las experiencias formativas que nuestra criatura necesitaba. Esta tarea resultó ser la más difícil de todas las que habíamos acometido hasta el momento, pero Alexandria se entregó a ella con una devoción febril, a pesar de que, haciéndolo, debilitaba su ya maltrecha salud.

—Tienes que bajar el ritmo, Álex —protestaba yo.

—Al contrario —respondía ella—. Tengo que darme prisa. No hay tiempo, Alan, no hay tiempo.

Tenía razón. Cada día que pasaba, el poder de SSO crecía y la posibilidad de que nos descubriera se hacía mayor. Pero eso no era lo peor. Alexandria sabía (también yo, aunque no quería reconocerlo) que su corazón podía fallar en cualquier momento.

Nada nos habría gustado más, mi querida Iris, que haberte criado como la hija que siempre quisimos tener. No sabes con cuánta nostalgia imaginamos cada uno de los momentos que nos estaban vedados. Cada una de esas insignificantes actividades en las que el mono de enorme cerebro, loco o no, en nada se diferencia de tantos otros animales. Amamantarte, cuidar de ti, dedicarte infinitas caricias, largos insomnios, océanos de besos. No te imaginas con cuánto detalle imaginamos tus primeros pasos, tu primera sonrisa, la primera vez que pronunciarías nuestros nombres. ¿Cómo contarte todos los parques infantiles que soñamos para ti, todas las extensas playas por las que quisimos pasear de tu mano, las montañas que quisimos escalar y los bosques en los que nos perdimos juntos, las lentas horas leyéndote cuentos de hadas o enseñándote a resolver ecuaciones diferenciales (ambas actividades se parecen)? Habríamos dado cualquier cosa porque conocieras, a nuestro lado, a Homero y a Dante, a Newton y a Einstein, a Ovidio y a Rilke, a Picasso y a Velázquez, a Spinoza y a Teresa de Ávila, a Arquímedes y a Fermat, a Mozart y a Bach.

Habríamos estado a tu lado para contemplar juntos cómo las llamas consumían la ciudad de Troya, precediendo las que devorarían Cartago y después Roma, y más tarde Hiroshima (sabíamos que no podíamos ahorrarte el descubrir la inmensa crueldad de la tribu). Pero también estaríamos allí cuando conocieras a Sócrates, a Buda, a Ghandi, a Maimónides, a Jesús de Nazaret. La facilidad de los humanos para hacer el bien, querida mía, es tan misteriosa y tan difícil de explicar como la que mostramos para el mal.

Pero sabíamos que nuestros deseos eran imposibles. Nuestra criatura, la hija que añorábamos, necesitaba a la vez las íntimas vivencias de un bebé y la sabiduría de un anciano de tres mil años de edad. Por más que nos destrozara el corazón, nosotros no te podíamos proporcionar todas esas experiencias. Pero Mentor, el simulador que habíamos construido para entrenar a Iris-2 y a cuya mejora dedicamos nuestros últimos esfuerzos, sí podía.

Hace tres años te conectamos a él. Tres años, mi querida Iris. Tres años en los que tu maravilloso cerebro, muchísimo más poderoso que el nuestro, ha ido absorbiendo cada uno de los instantes que forman la mente de un niño y a la vez asimilando la historia, la literatura y la ciencia que la tribu ha creado a lo largo de los milenios. Tres años escuchando poesía y música, contemplando óleos y esculturas, viviendo en primera persona guerras y masacres, pero a la vez siendo testigo de la incomprensible generosidad, la solidaridad extrema, la imposible capacidad de sacrifico que también nos caracteriza. Durante esos tres años hemos visto como las conexiones en tu cerebro aumentaban mucho más allá de nuestras más alocadas predicciones. Cada una de tus cien mil millones de neuronas se conecta a otras cien mil, formando la más compleja máquina de pensar que quizás haya conocido el universo. Una máquina que todavía duerme y sueña. ¿Con qué, con quién sueñas, Iris? Ojalá habitemos ahora y para siempre en esa conciencia tuya, a punto de despertar.

Alexandria, mi esposa, tu madre, murió hace unos días. Su corazón se detuvo mientras dormía. No voy a hablarte del dolor que siento, porque sé que cuando escuches estas grabaciones lo entenderás perfectamente. Además, no tardaré en seguirla. Lo habría hecho ya (desde que la conocí me juré a mí mismo que la seguiría al ultramundo, como Orfeo siguió a su Eurídice, sin dudarlo un instante), pero tengo aún una misión que cumplir. SSO nos busca. Mis espías en la red han detectado cómo sus sabuesos nos rastrean. Sospecha una amenaza a su todopoderosa tiranía y quiere eliminarla mientras todavía no puede enfrentarse a él. No tardará en encontrar Ítaca y cuando eso suceda vendrá a por nosotros, pero solo me encontrará a mí y a un ejército de Recreaciones, que no dudarán en dar su última batalla por ti. Mientras, Mentor y tú navegaréis seguros en el Nautilus.

Lo sé, soy un sentimental. Pero el nombre es apropiado (cuando despiertes, dentro de muy poco, conocerás las obras completas de Julio Verne, junto con el resto de la literatura universal y sé que me darás la razón). Lo cierto es que el pequeño submarino que va a ser vuestro hogar a partir de esta noche, puede navegar mucho más de veinte mil leguas submarinas. Su reactor nuclear tardará más de un siglo en agotarse. Estoy seguro de que no necesitarás tanto tiempo para decidir cómo enfrentarte a SSO y liberar a la esclavizada tribu de las cadenas del faraón termita.

Pero ¿lo harás? ¿Querrás ayudarnos? No puedo saberlo con certeza. Tu madre y yo decidimos no programar ningún condicionamiento al respecto. Hemos intentado mostrarte todo lo que somos los humanos y nos aferramos a la esperanza de que lo bueno supere a lo malo en tu balanza, la esperanza de superar el test, o debería decir el dilema de Turing. ¿Podremos los humanos convencer a una Inteligencia Reflexiva Introspectiva y Sensible, de que merecemos su ayuda? Eso espero, querida mía. Tu madre y yo hemos apostado nuestras vidas y la redención de la humanidad a una sola carta, el amor con el que te hemos creado, esperando que ese amor sea correspondido.

UN GÓLEM MOVIDO POR BACTERIAS

Por Martín Sacristán

Un temible monstruo de barro, con apariencia de hombre gigante, se mueve por la pantalla, en blanco y negro, aterrorizando al espectador de 1920. Es el gólem. La película de Paul Wegener, hoy un clásico del cine expresionista alemán, explota el miedo a ese ser parecido al hombre que no razona ni responde a pensamientos complejos, sino solo a órdenes simples e instintos. Porque en cualquier momento puede descontrolarse provocando la destrucción y la muerte. Algo que no harán los más racionales y comedidos seres humanos que conviven con él. A menos, claro, que lleven dentro de sí algo tan instintivo como ese monstruo de barro extraído de las leyendas judías. Y a la luz de las últimas investigaciones, puede que ese gólem habite en nosotros, dominándonos de un modo del que no somos conscientes.

Nuevas teorías científicas proponen que la microbiota, el conjunto de bacterias que habita nuestro intestino, puede dominar algunos aspectos de nuestra conducta. Para entender cómo lo hacen es crucial conocer el funcionamiento de nuestro sistema nervioso entérico. Sus neuronas, idénticas a las del órgano que rige el pensamiento, se extienden en una red que rodea el esófago, el estómago, y ambos intestinos, delgado y grueso, llegando hasta el ano. Se ha estimado su número en 500 millones, una minúscula cantidad si la comparamos a los 86.000 millones del cerebro, cifra obtenida por la neurocientífica Suzana Herculano-Houzel. Dada la diferencia, no es probable que esas tripas intestinales tengan la más mínima capacidad para pensar, y por tanto, de tomar decisiones por nosotros. Pero sí se mantienen en contacto permanente con nuestro cerebro, enviándole una serie de informaciones sobre el proceso digestivo que nos proporcionan un profundo placer.

Lo que nos hace tan agradable el digerir son las sustancias liberadas en el sistema entérico: serotonina, dopamina, leuencefalina, y metencefalina. No es casual que sus nombres parezcan referirse a algo que nos dispensarían en una farmacia, porque sus placenteros efectos no son muy diferentes de los de ciertas drogas. Nada ilustra mejor cómo mejoran nuestro estado de ánimo que el orgasmo, pues ese proceso fisiológico también aumenta nuestros niveles de serotonina y dopamina. Las otras dos sustancias mencionadas, leuencefalina y metencefalina, son endorfinas, y por tanto generan la misma sensación analgésica que los opiáceos. Obviamente, ningún ser humano necesita la ciencia para descubrir que comer es una actividad placentera, incluso si ignora todo lo anterior. Pero sus descubrimientos comienzan a desvelarnos que es la microbiota quien nos influye para elegir ciertos alimentos, y que el gusto que nos da comerlos puede tener, como fin último, satisfacer a un microbio.

Debido a los esfuerzos de la industria alimentaria, la flora que hay en nuestro cuerpo se ha hecho muy popular. Hoy la mayoría de la gente sabe que existen las bifidobacterias —popularizadas como bífidus— y los lactobacilos, aunque estos son apenas dos grupos que contienen una pequeña parte de las más de dos mil especies que se ha calculado que nos habitan. El cometido de todas ellas es ayudar a nuestra digestión y facilitar los procesos metabólicos que implica. Los mágicos efectos que prometen las marcas con su ingesta deben atribuirse a la exageración publicitaria, y no a estudios científicos comprobados. En realidad hacen algo mucho más importante: asegurar nuestra supervivencia, lo mismo que nosotros aseguramos la suya. Hemos establecido con ellos una relación simbiótica, pero lejos de ser amables y pacíficos colaboradores, compiten entre sí, como cualquier conjunto de especies en la naturaleza, usando nuestro sistema digestivo como su hábitat. Cuando alguna de ellas tiene éxito, y es capaz de imponerse sobre el resto de especies de nuestra microbiota, volviéndose más abundante, puede provocarnos enfermedades gastrointestinales. E influir también de forma determinante en las decisiones que tomamos.

Al menos esto es lo que proponen en su estudio Joe Alcock, de la Universidad de Nuevo México, y Carlo C. Maley y C. Athena Aktipos, de la Universidad del Estado de Arizona. Según estos científicos estadounidenses, la microbiota es capaz de producir un desorden emocional en nuestro cerebro. Cuando nuestros microbios no encuentran en el sistema digestivo los nutrientes que necesitan, comienzan a alterar los receptores intestinales de sustancias placenteras presentes en el sistema entérico. No solo nos impiden seguir experimentando placer, sino que además liberan toxinas capaces de inducirnos sensaciones negativas como estrés, sensación de tristeza, insatisfacción, y sentimientos similares. Se valen para ello del nervio vago, vía de comunicación entre el sistema entérico y el cerebro. Toda la microbiota estaría permanentemente liberando esas sustancias tóxicas para que le proporcionemos su alimento específico pero, mientras su número se encuentra en el índice habitual, y el total de especies en equilibrio, la cantidad generada por cada una de ellas no es suficiente para imponer sus efectos. El problema viene cuando una de las bacterias predomina en nuestros intestinos.

La solución para dejar de sentir este malestar psíquico provocado por la microbiota no puede ser más sencilla: basta con comer. Pero no cualquier alimento, sino aquellos que contienen las sustancias demandadas por la bacteria. Si somos obedientes y los microbios vuelven a percibir la presencia de lo que les gusta en nuestras tripas, liberarán a los receptores intestinales para que perciban la dopamina, la serotonina y las endorfinas. Nuestra consciencia recibirá el mensaje inequívoco de que todo vuelve a estar bien, puesto que sentimos el placer de la serotonina y la dopamina, y el efecto anestésico de las endorfinas. Nos sentiremos felices, o al menos, se habrá reducido nuestro nivel de frustración.

Observemos el proceso desde fuera con un ejemplo individual para ver cómo la microbiota puede convertir un ser humano en un gólem. Después de un día estresante en la oficina, nuestro sujeto de estudio, el individuo «A», llega a casa. Los factores externos de su puesto de trabajo, y la actividad de su microbiota alterada le han provocado un fuerte malestar, sumando así síntomas comunes provocados por causas distintas. Como «A» está obeso, en la puerta de su nevera figura la frugal cena que le depara la dieta recomendada por su médico. «A» decide saltársela, atiborrándose esa noche con una pizza y un helado de postre. Grasas y azúcares, contraproducentes para su tensión alta, y para sus elevados niveles de colesterol y transaminasas. No es una forma de actuar racional, y tanto nosotros como él, actuando como jueces desde nuestro cerebro consciente, diremos que «A» tiene muy poca voluntad y quizá no demasiada motivación para adelgazar. Pero eso sería así si sus decisiones sobre alimentación dependieran en exclusiva de su conciencia. Y es aquí donde Alcock, Maley y Aktipos introducen el factor adicional de la influencia de los microbios.

De acuerdo a su investigación, la microbiota altera el tráfico de sensaciones que discurren por el nervio vago no solo para alimentarse, también para aumentar su número. A fin de reproducirse y hacer sobrevivir a más individuos, retrasa el momento en que el sistema entérico envía al cerebro la señal de que ya estamos satisfechos. Nos hace sentir, por tanto, una falsa hambre. Esa que llevaría al individuo «A» a comer cada vez más porciones de pizza, y a repetir de helado. Cuantas más grasas y azúcares ingiera, mayor será el éxito de las bacterias que predominan en sus intestinos. Y al aumentar su número, aumentará también la proporción de toxinas liberadas, hasta «secuestrar» la voluntad del cerebro. Todo ello hará que «A» siga ganando kilos y perjudicando su salud, llegando con el tiempo a una situación en la que peligre su vida. Al hacerle engordar, su flora intestinal habrá pasado de tener una relación simbiótica con él a una parasitaria, y por tanto, mortal a largo plazo.

Alcock, Maley y Aktipos han intentado probar estas teorías valiéndose de experimentos con ratones. A algunos se les seccionó el nervio vago, y adelgazaron de forma inmediata, porque su microbiota carecía ya del conducto de comunicación para influir en la sensación de hambre. Otro modo de reducir su obesidad fue alimentarles con probióticos, analizando qué especies dominaban en sus intestinos, y facilitándoles la ingesta de aquellas que equilibraran su flora. Esta estrategia también tuvo éxito en el adelgazamiento y demostraría que, cuando las toxinas no predominan, su efecto sobre el cerebro desaparece. Adicionalmente se observó que un grupo de ratones, más atrevidos y con más interés en explorar su entorno, tenían en el intestino cantidades mayores de *Lactobacillus rhamnosus*. Cuando se proporcionó esta bacteria a aquel grupo de ratones más tímidos y conservadores, estos adoptaron la conducta de los atrevidos. Por tanto, según la especie que predomine, la influencia de la microbiota genera conductas diferentes, y no todas son tan simples como hacernos elegir ciertos alimentos.

Esta ampliación del campo de estudio sobre la microbiota y sus efectos es el objetivo del APC Microbiome Institute de la Universidad de Cork en Irlanda. Dos de sus investigadores han aportado interesantes evidencias sobre los efectos de estos microorganismos en nuestro cuerpo. Ted Dinan, psiquiatra, propone introducir la composición de la microbiota intestinal como un factor más a la hora de tratar las dolencias psíquicas. Para apoyar esta tesis suele citar lo sucedido en la población de Walkerton, Canadá, en mayo del año 2000. Unas inundaciones contaminaron el agua corriente con cantidades muy elevadas de las bacterias *Escherina coli* y *Campylobacter*, produciendo enfermedades gastrointestinales que siguieron su curso habitual y se curaron en diez días. Pero diez años después, Walkerton tiene uno de los ratios de población depresiva más elevados de Canadá, cosa que no ocurría antes de las inundaciones. Dinan atribuye su origen a la alteración de la microbiota en sus habitantes, debidas a las dos bacterias citadas. Su colega John Cyran, bioquímico y farmacólogo en la misma universidad, va aún más allá, proponiendo que podemos emplear un conjunto de microbios intestinales para modificar el modo en que funciona nuestro cerebro. Un estudio preliminar demostró que veintidós varones jóvenes redujeron su nivel de estrés tras tomar *Bifidobacterium longum* durante un mes. Sus niveles de cortisol, la hormona que se produce en respuesta al estrés, eran menores cuando se les sometía a situaciones tensas, permitiéndoles afrontar la situación mucho más tranquilos. En cambio, el mismo grupo no experimentó mejora alguna tras el mismo período tratándose con un placebo.

Dinan y Cyran han acuñado el término «microbios melancólicos» para designar a aquellas especies de la microbiota que pueden provocar enfermedades mentales. Han intentado incluso ir más allá, al descubrir, mediante un estudio preliminar en ratones, que la microbiota presente en los enfermos de párkinson provocaba problemas motores en los roedores. Si se encontrara una relación entre la enfermedad y una especie concreta de bacteria, estaríamos en el camino de la prevención, y tal vez de un tratamiento eficaz.

La posibilidad de dominar la microbiota y usarla para tratar enfermedades incurables, o para determinar nuestras conductas, más allá de lo que creemos dominar conscientemente, resulta fascinante. No obstante, todos los científicos citados se muestran muy cautos ante el alcance de estas investigaciones preliminares: son estudios pequeños, no extrapolables de ratones a humanos en muchos casos, y sobre todo tienen que solventar el modo en que una determinada bacteria consigue influir en el cerebro. Porque, aunque conozcamos el mecanismo de transmisión, a través del nervio vago y usando el sistema entérico, todavía ignoramos el proceso químico exacto del que se valen ciertas especies de microbiota para hacernos depresivos, o proporcionarnos nervios de acero. Tampoco sabemos si unas bacterias influyen en otras, ni si su influencia se logra mediante asociaciones entre varias especies. Por el momento tenemos más preguntas que respuestas.

Preguntas que ya han superado el campo de investigación de la medicina. En un área muy distinta, el biólogo evolucionista Andrew Moller ha publicado un estudio donde contempla que la evolución humana no puede ser entendida sin la de la microbiota, pues el proceso evolutivo fue conjunto y ambas especies nos influimos. Es decir, que no seríamos *Homo sapiens* sin las bacterias. Julia Segre, del Instituto Nacional para el Estudio del Genoma Humano de Maryland, Estados Unidos, es más cauta: sostiene que, dada la íntima relación entre nuestro cuerpo y su microbiota, pudo haber cierta influencia evolutiva, pero es demasiado pronto para afirmar que los monos y los microbios se cambiaron unos a otros hasta llevarnos a lo que hoy somos.

También en el campo de la evolución se ha hecho este mismo año una propuesta bastante novedosa, publicada además en la prestigiosa revista científica *Nature*. El artículo, firmado por Ohad Lewin-Epstein, Ranit Aharonov y Lilach Hadany, propone que cuando existen relaciones de colaboración entre especies diferentes, estas se deben a las bacterias intestinales. Admiten que en el conjunto de la especie predomina siempre la conducta egoísta, para cumplir con el principio de supervivencia del más fuerte y la adaptación al medio. Pero la microbiota puede influir en la conducta particular de cada individuo, y si el conjunto de individuos comparten las mismas bacterias, y las transmiten a sus descendientes, se comportarán de forma altruista. Lo interesante de este estudio es que está abriendo la puerta a posibles relaciones muy complejas entre conducta y microbios, no solo en el ser humano, y con origen en especies mucho más antiguas que nosotros.

Todas estas novedades científicas demuestran que hay un genuino interés por el papel que juega la microbiota en nosotros, más allá de su conocida labor en la digestión y el metabolismo. Las evidencias son suficientes como para pensar que esa conexión existe, aunque debamos dedicar años de estudio todavía a descubrir cómo funciona. El problema, tal vez, sea enfrentar el prejuicio sobre nuestra propia individualidad. Si a nuestro yo, determinado por las circunstancias externas y la educación, tenemos que añadirle lo que hacen de nosotros los microbios de nuestras tripas, tal vez debamos cambiar nuestro concepto de lo humano. Reescribir el término libre albedrío. Y contemplar de distinta manera a nuestros semejantes, preguntándonos si su ira, su egoísmo, su fidelidad o su amor responden a lo que ellos quieren hacer de sí mismos, o a lo que de ellos hace la microbiota. Si algún día tenemos todos los factores de esta ecuación científica, quién se atreverá a decir que mediante una nueva medicina no puedan hacernos una cirugía estética de nuestra personalidad. Para dominar, finalmente, a ese gólem movido por bacterias que, lo creamos o no, lleva nuestro nombre y nuestra forma de ser. Si tal medicina fuera capaz de hacernos mejores, podríamos decir que la humanidad, gracias a la ciencia, sí tiene remedio. Pero por el momento, eso no es más que una teoría.

BORRE SOLO ESTE RECUERDO, POR FAVOR

Por María del Carmen Martín-Buro

En la película *¡Olvídate de mí! (Eternal sunshine of the spotless mind)*, Joe, el protagonista encarnado por Jim Carrey, descubre aterrado que su exnovia se ha sometido a un procedimiento para borrarle de su memoria. El procedimiento parece altamente específico, porque solo han desaparecido los recuerdos sobre Joe mientras que el resto permanecen intactos. ¿Quién no ha deseado alguna vez borrar una experiencia concreta? Este deseo se vuelve necesidad en los casos de trastorno por estrés postraumático (TEPT) en los que los recuerdos de una experiencia dolorosa y perturbadora como una violación o un atentado terrorista aparecen de forma recurrente. Recientemente, un equipo de investigadores ha conseguido borrar recuerdos de forma selectiva en neuronas de la babosa *Aplysia*. De forma natural, la estimulación del sifón, el órgano respiratorio de las babosas, produce una contracción de la branquia. En este experimento estimularon de forma repetida el sifón de la babosa, produciendo un efecto de sensibilización: la contracción de la branquia era cada vez más intensa. Además, este incremento se mantuvo en el tiempo, así que la babosa había creado un recuerdo. Más tarde, los investigadores bloquearon una proteína específica en las neuronas que codificaban ese recuerdo y cuando volvieron a estimular el sifón, la babosa respondió como si no la hubieran estimulado previamente, es decir, como si no tuviera el recuerdo. Lo más sorprendente es que los investigadores fueron capaces de eliminar este recuerdo sin afectar a los demás. Para los humanos, disponemos de terapias muy eficaces que permiten que las personas que sufren TEPT puedan seguir adelante, pero aún no sabemos eliminar por completo sus recuerdos traumáticos. Por eso, antes de borrar su recuerdo debe comprender que hay varias razones por las que es muy difícil que no quede ni rastro de una experiencia ya almacenada.

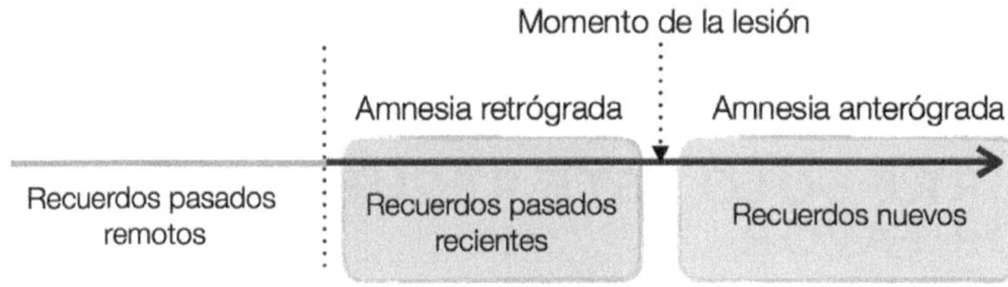

Imagen 1. Amnesia retrógrada y anterógrada

Conocemos procedimientos que pueden provocar que una persona no recuerde lo que le ha pasado recientemente o incluso lo que le pasó hace un par de años. El mejor ejemplo de este procedimiento es el famoso paciente «HM». Este paciente fue sometido a una cirugía para aliviar las crisis epilépticas que sufría desde hace años y que le incapacitaban en sus actividades de la vida diaria. La cirugía logró disminuir sus crisis, pero tuvo un resultado inesperado: «HM» perdió la capacidad de aprender o almacenar experiencias nuevas, es decir, vivió durante el resto de su vida con una profunda amnesia anterógrada. Brenda Milner, la neuropsicóloga que le evaluó durante más de cuatro décadas, tenía que presentarse día tras día porque el paciente «HM» no lograba crear un recuerdo sobre ella. Además, este paciente también sufrió amnesia retrógrada ya que perdió, aproximadamente, los recuerdos sobre los últimos cinco años anteriores a la cirugía. Lo llamativo es que los recuerdos más antiguos permanecieron intactos: no olvidó quién era, a qué se dedicaba o dónde pasó su infancia. Someterse a este método para olvidar a tu expareja, por ejemplo, supondría no solo perder este recuerdo, sino también perder todo lo ocurrido durante los últimos cinco años, incluida la decisión de querer olvidar.

Existe un patrón de deterioro con el que lamentablemente estamos más familiarizados y que también produce un borrado de los recuerdos: la enfermedad de Alzheimer. En esta devastadora enfermedad las personas también pierden la capacidad de aprender cosas nuevas y, por ejemplo, no recuerdan a personas que les presentaron hace poco. Además, van sufriendo una progresiva amnesia retrógrada perdiendo los recuerdos más recientes —por eso no reconocen a sus nietos— y posteriormente los más remotos. Tomando el caso del paciente «HM» y la pérdida de memoria en la enfermedad de Alzheimer llegamos a la posición de salida en la misión de borrar un recuerdo, ya que lo que tienen en común estos dos trastornos aparentemente distantes es una región del cerebro llamada hipocampo.

—De acuerdo, pues llévame al hipocampo para que busque este maldito recuerdo y terminemos con esto.

—La visita guiada está incluida en el precio. Pase por aquí.

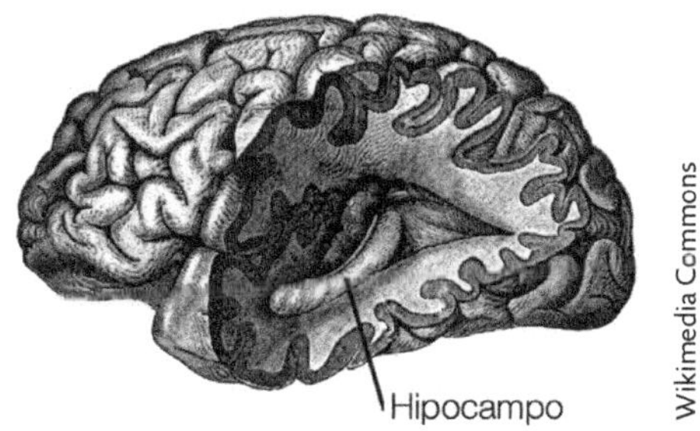

Imagen 2. Localización del hipocampo

—Un momento, ¡aquí no está mi recuerdo! Pero... si el paciente «HM» perdió todos esos recuerdos cuando le extirparon el hipocampo, ¿será porque estaban almacenados en esta región y no en otra?

—No exactamente. Quizá lo entienda mejor si asiste a la creación de un recuerdo.

Hoy vamos a crear el recuerdo de la película *Star Wars. Episodio V: el Imperio Contraataca.*

Aparentemente en el cerebro hay tantas neuronas como estrellas en la Vía Láctea, y de hecho, asistir a la creación de un recuerdo desde nuestra posición —el hipocampo— se parece a estar en un observatorio astronómico. Si en este momento abrimos el techo del observatorio y con el telescopio dirigimos nuestra mirada a diferentes poblaciones de neuronas, podremos buscar cuál de ellas se está encargando de crear el recuerdo de la famosa escena entre Darth Vader y Luke Skywalker. Pronto nos damos cuenta de que la escena está algo dispersa: un grupo de neuronas trabaja para representar los aspectos visuales de la escena, otra población no necesariamente cercana se está encargando de procesar los sonidos, otra algo más lejana nuestra sensación de sorpresa... Sabemos que esto no se parece a un recuerdo, cuando uno recuerda la película que estuvo viendo anoche recuerda escenas integradas y no un conjunto fragmentario de los distintos aspectos de la experiencia. Decepcionados, dejamos de mirar por el telescopio y justo en ese momento nos damos cuenta de qué es lo que está ocurriendo en el hipocampo: varias neuronas de esta región están apuntando a cada una de esas poblaciones neuronales intentando ligar los distintos aspectos de la experiencia (ver Imagen 3A).

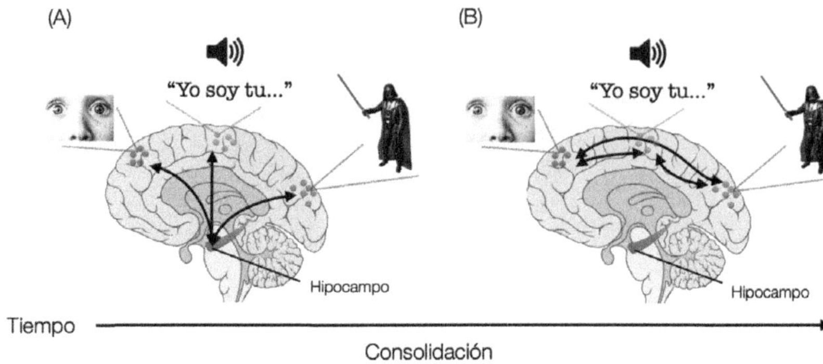

Imagen 3. El papel del hipocampo durante la consolidación

De esta manera aunque el hipocampo no contenga el recuerdo, sí contiene el mapa de reconstrucción de ese recuerdo y si nos preguntan qué película vimos anoche, las neuronas del hipocampo podrán apuntar y activar de nuevo a las poblaciones que representaron los aspectos visuales, auditivos y emocionales necesarios para orquestar el recuerdo de esa experiencia. Esta es una de las razones por las que es difícil borrar un recuerdo: el recuerdo no solo depende del hipocampo, sino que está distribuido por varias regiones cerebrales indirectamente conectadas por el hipocampo. Por eso «HM» no pudo recordar a las personas que conoció después de la cirugía, porque al perder el hipocampo, perdió la posibilidad de ligar o crear un mapa sobre la configuración y distribución de esa experiencia en el cerebro.

—Vale, pero algo no me cuadra. Sin el mapa del hipocampo no puedes ligar las nuevas experiencias y tampoco puedes recuperar las que ya tenías almacenadas. Es como si tu cerebro no supiera dónde las ha puesto. Pero antes has dicho que «HM» mantuvo los recuerdos remotos, que solo perdió los últimos cinco o siete años. ¿No debería haber perdido todos sus recuerdos al carecer del mapa para reconstruirlos?

—Es que otro factor a tener en cuenta para borrar un recuerdo es su antigüedad.

En otros trastornos que también afectan a la memoria como en la enfermedad de Alzheimer, los recuerdos recientes parecen perderse antes que los recuerdos más antiguos. El psicólogo francés Théodule Ribot en 1881 escribió que «la destrucción progresiva de la memoria sigue una ley: avanza progresivamente desde lo inestable hasta estable»; y, efectivamente, cuando creamos un recuerdo su configuración es frágil e inestable y por lo tanto más sensible a factores disruptivos como el daño cerebral o la interferencia. Por esta razón, nuestros abuelos recuerdan con pelos y señales sus anécdotas sobre la mili mientras que olvidan dónde han puesto las gafas o cómo se llamaba el nuevo vecino. Este proceso que fortalece y estabiliza las huellas de memoria con el tiempo es la consolidación y probablemente va a ser otro obstáculo en nuestra misión de borrar un recuerdo.

Si volvemos al hipocampo y abrimos de nuevo el techo del observatorio veremos frecuentes fogonazos o reactivaciones de las mismas poblaciones de neuronas que estuvieron activas en el momento de la experiencia —es decir, cuando estábamos viendo *Star Wars*—. Esta reactivación sucede cuando recordamos o reexperimentamos el episodio, pero también espontáneamente cuando dormimos o estamos despiertos sin hacer nada en concreto. El cerebro utiliza este mecanismo de reactivación para *rebobinar* varias veces la información y fortalecerla. La RAE define la palabra rebobinar como 'hacer que un hilo o cinta se desenrolle de un carrete para enrollarse en otro', y precisamente eso es lo que ocurre: la reactivación permite que ese recuerdo inicialmente inestable se fortalezca y se independice del hipocampo para depender de otras regiones (ver Imagen 3B). Cuando el recuerdo se consolida no necesita del índice o mapa que estaba codificado en las neuronas del hipocampo y que lo mantenía unido cuando aún era un recuerdo reciente. Gracias a este mecanismo, el paciente «HM» conservó los recuerdos remotos, porque ya no dependían del hipocampo para orquestar la reconstrucción del recuerdo. Lamentablemente, aquellos recuerdos que aún no habían sido estabilizados perdieron el mapa para ser reconstruidos.

La consolidación se produce progresivamente, así que en el peor de los casos nos encontraremos buscando un recuerdo que ya se ha independizado del hipocampo. Sobre cómo se hace esta mudanza a otras regiones aún sabemos poco, pero uno de los mecanismos de consolidación mejor estudiados es el que sucede durante el sueño. El sueño no es un fenómeno uniforme, sino que pasamos por diferentes fases en las que nuestro cerebro muestra distintos tipos de actividad. La fase que se ha vinculado con la consolidación es el sueño de ondas lentas. Una de las fuentes generadoras de estas ondas lentas es la corteza prefrontal y la reducción de estas ondas se ha asociado a una disminución del recuerdo. Es frecuente escuchar a personas mayores informar de que cada vez duermen menos, y de hecho, esta reducción es mucho más severa en personas con deterioro cognitivo leve —la antesala de la demencia— y la enfermedad de Alzheimer. Precisamente la corteza prefrontal es una de las regiones en las que antes se deposita el beta-amiloide, una sustancia que está presente en el cerebro de las personas sanas pero que en las personas con alzhéimer se deposita de forma patológica, creando placas que impiden la comunicación entre las neuronas. En un interesante estudio, se observó que cuanto mayor era la acumulación de beta-amiloide en la corteza prefrontal, más alterado estaba el sueño de ondas lentas y el recuerdo a la mañana siguiente. La conclusión a la que llegaron los investigadores es que la interrupción de la comunicación entre el hipocampo y la corteza prefrontal durante el sueño estaba impidiendo a las personas mayores la consolidación de sus recuerdos.

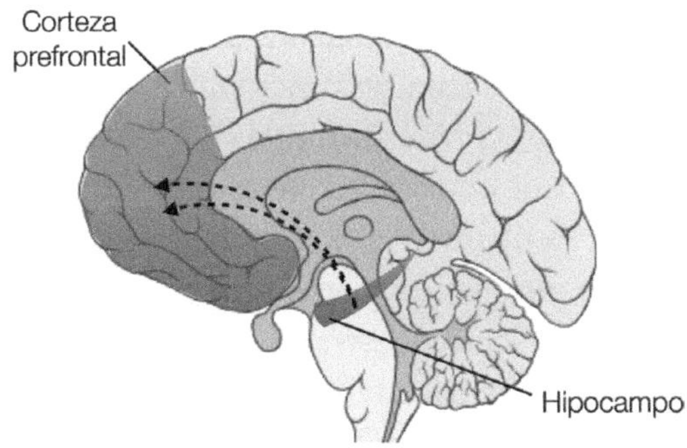

Imagen 4. Corteza prefrontal

La corteza prefrontal es una región altamente conectada a otras regiones sensoriales, motoras o emocionales y por lo tanto es una buena candidata para asumir parte del papel del hipocampo como integrador de diferentes aspectos del recuerdo. Llegados a este punto, podríamos pensar que borrar un recuerdo puede ser difícil, dado que está distribuido por varias regiones cerebrales, pero eliminar su acceso parece relativamente sencillo: si es un recuerdo reciente bastaría con eliminar las neuronas del hipocampo que albergan el mapa de reconstrucción, y si es un recuerdo remoto podríamos aplicar la misma estrategia sobre las neuronas de la corteza prefrontal. De hecho, parece que el hipocampo mantiene los recuerdos en cuarentena hasta que progresivamente se van estabilizando y migrando a la corteza prefrontal. Sin embargo, un estudio llevado a cabo con roedores ha desafiado esta visión usando técnicas optogenéticas que permiten activar o desactivar de forma controlada determinadas neuronas. Este estudio revela que cuando tenemos una experiencia se crean dos copias del recuerdo simultáneamente: una en el hipocampo, para su uso inmediato, y otra en la corteza prefrontal, a modo de copia de seguridad que, si se estabiliza, puede ser utilizada mucho más tarde. Durante los primeros días, los roedores parecían utilizar la copia del hipocampo pero conforme pasaba el tiempo estas neuronas se iban silenciando para ser relevadas por las neuronas de la corteza prefrontal. Al igual que pasaba con la acumulación de beta-amiloide y la reducción del sueño de ondas lentas en seres humanos, si a estos roedores les interrumpían la comunicación entre el hipocampo y la corteza prefrontal durante la consolidación, esa copia de seguridad no maduraba lo suficiente para ser funcional.

Cuando hablamos de recuerdos, casi siempre nos referimos a experiencias concretas que ocurrieron en un momento y lugar determinado. Por ejemplo, tu última visita al dentista o las vacaciones en la playa durante el verano pasado. Estos recuerdos conforman nuestra memoria episódica, es decir, nuestra memoria para eventos o acontecimientos que conservan los detalles sobre el momento y el lugar en el que fueron adquiridos. Sin embargo, gran parte de nuestro conocimiento se asienta sobre los significados de las cosas y para saber qué es una naranja o qué es la lluvia no necesitamos pensar en la última naranja que nos comimos o en todas y cada una de las veces que hemos visto la lluvia caer. Estos recuerdos son diferentes a los recuerdos episódicos y conforman lo que llamamos memoria semántica. Para saber lo que es la lluvia no necesitamos recrear un episodio en concreto, y por eso el hipocampo no resulta imprescindible para acceder a esta información. De hecho, el paciente «HM» era capaz de completar crucigramas y entender conversaciones sin ningún problema. Aunque aún hay cierto debate sobre este asunto, parece que los conceptos y sus significados se adquieren mediante la acumulación de episodios. El proceso de consolidación hace que los recuerdos episódicos se estabilicen, pero también que se conecten con otros episodios que contienen elementos similares. Así, acumulando episodios de días lluviosos, creamos el concepto de lluvia. Poco a poco se difuminan las experiencias concretas y crece, como una enredadera, la compleja red de conocimiento semántico que poseemos sobre el mundo; hasta el punto en el que uno no recuerda cuándo aprendió lo que significa la palabra «llover» ni cuántas experiencias con la lluvia han dado lugar a ese concepto.

Resumiendo, un recuerdo está sembrado en diferentes regiones cerebrales. Estas regiones cerebrales se conectan entre sí gracias a un mapa de la distribución de la experiencia, que alberga el hipocampo, y a otro mapa que tarda algo más en madurar, en la corteza prefrontal. La letra pequeña de este servicio de borrado de recuerdos dice que es muy difícil extirpar completamente un recuerdo dada su dispersión, su progresiva mudanza a otras regiones, y el efecto que haya podido ejercer al enredarse con otros recuerdos que poseen elementos similares en la memoria semántica.

—¿Alguna vez llovió estando con su expareja? Porque quizá haya afectado a lo que piensa usted sobre la lluvia en general.

—Me temo que sí. Estuvimos viviendo en Santander.

—Bueno, pues si aún sigue interesado, necesito que firme aquí abajo.

☐ He leído y acepto los términos y condiciones del borrado de recuerdos.

Bibliografía

Antony, J. W., *et al.* (2017). «Retrieval as a Fast Route to Memory Consolidation». *Trends in Cognitive Sciences.*

Frankland, P. W., & Bontempi, B. (2005). «The organization of recent and remote memories». *Nature Reviews Neuroscience,* 6(2), 119-130.

Hu, J., *et al.* (2017). «Selective Erasure of Distinct Forms of Long-Term Synaptic Plasticity Underlying Different Forms of Memory in the Same Postsynaptic Neuron». *Current Biology.*

Kitamura, T., *et al.* (2017). «Engrams and circuits crucial for systems consolidation of a Memory». *Science,* 356(6333), 73-78.

Mander, B. A., *et al.* (2015). «Beta-amyloid disrupts human NREM slow waves and related hippocampus-dependent memory consolidation». *Nature neuroscience,* 18(7), 1051-1057.

EL NACIMIENTO DE UNA METÁFORA

Por Iván Rivera

Salviatina y Simplicia pasean bajo un hermoso sol primaveral y dialogan una vez más.

—Las ciencias nacen desnudas y temblorosas, Simplicia, como bebés recién alumbrados. Sus madres no pueden sospechar, como las de los hijos reales, hasta dónde llegarán sus vástagos. ¿Se alzarán frente a la ignorancia, cambiarán las vidas de millones de seres, dominarán el mundo? ¿O fracasarán, serán olvidadas y reemplazadas por otras más fértiles? En el comienzo de la vida el futuro está cubierto de la niebla más opaca, y como para cada una de nosotras, la incógnita sobre cuándo floreceremos...

—¡O si floreceremos!

—O si floreceremos en absoluto, sí; esa incógnita, te decía, es lo único real. Qué poco podría haber imaginado Tales, por aquel siglo VI de antes de nuestra era, el punto hasta el que su «filosofía natural» se haría fuerte, tomaría un armazón matemático del genio de Newton y llegaría a transformar el entendimiento de todo lo material, desde lo más pequeño a lo más grande.

—Conozco mis rudimentos de historia de la física, compañera. Como la química, que nació de las viejas prácticas alquímicas; o la geología, de la mano de las primeras descripciones geográficas de Plinio el Viejo. ¡Qué tiempos aquellos, donde todo estaba por descubrir! ¡Quién los hubiera vivido!

—No te dejes llevar por el síndrome de la Edad de Oro, Simplicia: incluso hoy están naciendo ciencias nuevas. Algunas verán días brillantes; otras se perderán en los estratos profundos de las bibliotecas, entre páginas olvidadas.

—Y ¿cómo distinguir unas de otras, Salviatina? Probemos tu sagacidad por si pudiera ofrecernos algunas pistas. Aunque lo complejo de la materia me inspira poca confianza.

—Bien dices, mi irónica amiga. Ciencias que nacen prometedoras pueden terminar avergonzando a sus potenciales estudiosos tan solo una generación más tarde. Me viene al magín (y qué apropiada expresión) el caso de la frenología, que pretendía dar con la relación entre las formas de la cabeza humana y la personalidad del sujeto portador de tal cabeza.

—Simplicia me llamo, pero no he de ser tan simple como para creer semejante bobada.

—Pues entre los años veinte y los cuarenta del siglo XIX se tomó francamente en serio. Tan en serio como pudieron tomarse en sus días el psicoanálisis freudiano, el positivismo criminológico de Lombroso o la antropología física de Broca. Es fácil estampar la etiqueta de pseudociencia en un libro antiguo, devolverlo a su polvoriento anaquel y nunca más mirar atrás. Pero no debemos perder de vista el contexto de épocas pasadas. Antes al contrario...

—¿Sí, Salviatina?

—Estoy dando ahora mismo con un ejemplo de anteayer mismo, con lo que el ejercicio de imaginación para ubicarnos en la trama histórica se tornará mucho más sencillo. ¿Has oído hablar de Lakoff?

—Desde luego: el padre de la lingüística moderna...

—Mucho me temo, Simplicia, que estás confundiendo a George Lakoff con Noam Chomsky, algo que poca gracia haría a cualquiera de los dos. La ciencia de la lingüística debe mucho a Chomsky y también a Lakoff, pero no fueron los primeros lingüistas. Tal honor quizá pueda recaer en Humboldt...

—¿Alexander von Humboldt, el gran naturalista de finales del XVIII?

—Más bien su hermano mayor, Wilhelm von Humboldt. Brillante familia, desde luego. Wilhelm desarrolló su carrera en el ámbito de la pedagogía y la filosofía política; solo fue de camino que contribuyó a la fundación de lo que hoy conocemos como lingüística. Chomsky elaboró su hipótesis de la sintaxis generativa a partir de la visión de Humboldt de la lengua como «un sistema de reglas que hace infinito uso de medios finitos». Pero la huella del hermano mayor de los Humboldt no quedó ahí: estableció también la base de una importante hipótesis que conformó muy pronto el pensamiento de Lakoff. Te hablo de la relatividad lingüística, más conocida como «hipótesis de Sapir-Whorf».

—Ah, ya. «La lengua establece los límites de la realidad interpretada», o algo de ese estilo. Pensé que ese postulado no gozaba ya de demasiado crédito.

—No en su versión fuerte, en efecto. Nadie piensa ya que gentes cuya lengua no haga distinción entre el color azul y el verde sean efectivamente incapaces de percibir la diferencia cromática. Sin embargo, sí hay una versión débil del postulado, que viene a afirmar que la lengua matiza nuestra percepción. Emanuel Bylund, lingüista sueco, realizó un experimento con el que pareció probar que la percepción del tiempo se ve alterada si se manipulan las metáforas que la describen.

—¿Cómo? Por favor, Salviatina, no dejes de ilustrarme.

—Resulta, Simplicia, que este Bylund propuso a varios grupos de sujetos experimentales...

—¿Quieres decir «cobayas humanos»? Ah, perdona la broma. Con tantas pullas volando a la cara del cientificismo una termina acostumbrándose.

—Sujetos experimentales, cobayas... ¡Al menos el experimento no terminó con la disección de los cerebros de los participantes! El caso es que Bylund, como decía, puso a varios grupos de personas a estimar la duración de cierta animación sencilla, aunque con una pequeña trampa. Uno de los grupos estaba compuesto de personas monolingües en sueco; otro, de hablantes exclusivos de español. Resulta que la metáfora predominante en sueco para tratar de duraciones implica longitud, mientras que la más habitual en español es de cantidad: mucho tiempo, poco tiempo. Naturalmente, Bylund añadió también un grupo de control bilingüe en español y sueco.

—¿De dónde sacaría un grupo de personas bilingües en español y sueco? Pero continúa, por favor.

—Una animación mostraba una línea haciéndose más larga, mientras que la otra consistía en un vaso que se iba llenando. Resultó que podía manipularse hasta cierto punto la estimación de la duración de las animaciones si se engañaba a los grupos monolingües alterando la velocidad de reproducción de la animación que mejor reflejara su metáfora temporal predominante. Los hablantes de sueco sobreestimaban el tiempo que tardaba una línea en crecer si esta era más larga; por su parte, los de español presentaban el mismo sesgo con vasos que se llenaban mucho. Al revés, sin embargo, no ocurría: a un español le daba lo mismo cómo fuera de larga la línea al final, y a un sueco cómo de lleno estuviera el vaso. Los bilingües, por su lado, no mostraron desviaciones claras.

—¡Un gran argumento a favor de Sapir-Whorf!

—Versión débil, recuerda.

—Versión débil, cierto. Pero, amiga Salviatina, ¿qué tiene que ver Lakoff con todo esto? ¿Y por qué me decías antes que confundir a Lakoff con Chomsky no habría agradado a ninguno de los dos?

—Te contestaré primero a la segunda pregunta. La lingüística, como ciencia joven que es, aún está sujeta a las grandes convulsiones que comporta la pubertad. Lakoff y Chomsky fueron protagonistas, cada uno desde un bando, de lo que dio en llamarse la «guerra lingüística». Chomsky disparó primero con su hipótesis de la gramática generativa transformacional. Ya veo tu cara de espanto, Simplicia. Resumiendo lo máximo posible, aun con el riesgo de quedarnos con una caricatura: Chomsky afirmaba que existe una estructura profunda del lenguaje, innata al ser humano, que deviene en las formas visibles de los idiomas mediante un repertorio de transformaciones sistemáticas en las que no tenemos por qué detenernos. El sentido, o la semántica por usar el término técnico, surge de la sintaxis; es decir, del orden de las palabras.

—Intento acomodar mis neuronas alrededor de lo que me acabas de contar. ¿Y Lakoff, entonces?

—Lakoff fue discípulo de Chomsky, hasta que un buen día se descolgó, junto a otros revolucionarios, con una hipótesis alternativa para el origen del lenguaje. ¡Y no cualquier hipótesis! Lakoff formuló una imagen en el espejo de la tesis chomskiana, en la que era la semántica la que determinaba la sintaxis. La llamó, casi buscando gresca, semántica generativa; con ello comenzó una avalancha de artículos y contraartículos en la que las dos partes afirmaban, de la forma más insultante posible, que la otra no entendía su punto de vista.

—No comprendo la animadversión, pero sí el debate. Sospecho que ambas partes pueden tener cierta razón en este magnífico embrollo. Después de todo, a la naturaleza parecen gustarle los ciclos, las circularidades, los bucles... ¿No fue Hofstadter el que propuso el concepto de bucle extraño, una retroalimentación entre distintos niveles descriptivos en sistemas complejos?

—¿Hofstadter, el de *The Big Bang Theory*? Vale, vale, me estoy quedando contigo. Tienes toda la razón, Simplicia. La antipatía es una respuesta humana, pero no es necesaria y desde luego, no debería ser inevitable. Hace falta ser una genuina buena persona como tú para darse cuenta de ello. En lo que respecta al padre del bucle extraño, Douglas Hofstadter: es hijo de Robert Hofstadter, físico, premio Nobel en 1961, y según se dice inspirador del nombre del personajillo televisivo. Por cierto, entre sus honores contaba el haber sido nombrado miembro de la Fundación Alexander von Humboldt. ¿Es o no el mundo un lugar pequeño?

—También a mí el Hofstadter de la serie se me antoja bastante pequeño. Agradezco, por otro lado, tu buena opinión sobre mí, aunque me veo obligada a recordarte que ello no te va a librar de la explicación que me debes...

—Que yo, como amiga tuya que soy, te voy a pagar. Lakoff, en parte como consecuencia de este rifirrafe, terminó dando carta de naturaleza a toda una nueva rama de la ciencia: la lingüística cognitiva. Todavía no sabemos hasta qué punto sus postulados resistirán el embate de los científicos y su tempestuoso océano de *papers*, pero hay en ella alguna afirmación comprobable que, por añadidura, resuena con fuerza en campos tan aparentemente alejados como la sociología y la política.

—En ascuas estoy. Sigue, te lo ruego.

—Sigo. Lakoff afirmó que el sistema conceptual en cuyos términos pensamos y actuamos es de naturaleza metafórica. La metáfora es, entonces, mucho más que una figura estilística: es la conexión básica entre conceptos que nos permite razonar y hablar. Por tanto (atención a esto) las metáforas que escogemos y, más aún, las que escogen para nosotros moldean nuestra percepción de la realidad.

—Fascinante.

—Lakoff propuso muchos ejemplos. Las descripciones de un debate suelen ceñirse a un trasfondo metafórico que proviene del lenguaje bélico: los argumentos «se defienden» o «se derriban», los debates «se ganan» o «se pierden». El amor está también relacionado con la guerra a través de expresiones como «conquistar a alguien». La vida es un viaje. Y así sucesivamente. Entiendes pues, Simplicia, cómo un uso cuidadoso de la metáfora puede encauzar nuestro pensamiento sin necesidad de acudir a fantasiosas conspiraciones o inexistentes tecnologías de control mental.

—Entiendo, pero como buena escéptica sigo los pasos del mítico apóstol Tomás y no creeré hasta meter mi dedo en la llaga. ¿Podrás, amiga Salviatina, mostrarme un caso en el que una metáfora haya alterado una percepción?

—¿Podré? ¡Al menos querría intentarlo! ¿Conoces una herramienta de Google, ese leviatán de Internet, llamada *Google Trends*?

—¿Otro quiebro conceptual en la conversación? Creo haber oído algo de ella, pero no me considero diestra en las artes de las redes. Si ni siquiera he pescado con caña...

—Muy aguda. *Google Trends* es una herramienta que permite analizar la preeminencia de un término de búsqueda a lo largo del tiempo en el buscador de Google. Quizá no seas consciente, Simplicia, de que en la actualidad vienen haciéndose del orden de seis mil seiscientos millones de búsquedas cada día en Internet, de las que Google procesa más del setenta y siete por ciento: más de cuatro mil cuatrocientos millones de búsquedas diarias. Las búsquedas de Google son una sonda en los pensamientos de todo el mundo. Analizándolas es posible observar, en tiempo real, qué interesa, qué preocupa o simplemente dónde está la curiosidad de la gente.

—Anonadada me hallo.

—*Trends* es capaz segmentar los datos por término de búsqueda, por país y por rango de fechas, además de permitir comparativas entre diferentes palabras o frases. Con una serie histórica de datos que se extiende en el tiempo desde 2004, el poder que pone a nuestra disposición para analizar tendencias de pensamiento es inmenso. Ahora, Simplicia, quisiera que contemplaras estos dos términos, sinónimos y sin embargo muy diferentes: «vientre de alquiler» y «gestación subrogada». Sin entrar a opinar sobre lo que denotan, ¿qué puedes decirme de cada uno de ellos?

—¡Salviatina! Ahora parece que todo el mundo habla de gestación subrogada. Personalmente, me suena extraño, pero también aséptico y profesional. De un lado está el término «gestación», una forma más técnica de «embarazo». Del otro, «subrogada»: se subrogan deudas u obligaciones; es un término financiero. Mi experiencia con él se limita a un encuentro, años ha, al adquirir mi vivienda actual y hacerme cargo de su hipoteca.

—Excelente. ¿Y qué puedes decirme de «vientre de alquiler»?

—Espero que mi opinión no te incomode, Salviatina, pero para mí tiene una connotación un punto sórdida, de programa de cotilleos o de telefilme de la tarde del sábado.

—No creo que estés sola juzgando así. Pero ahora quiero que eches una mirada a este gráfico en mi teléfono, creado con esa herramienta fantástica que es *Trends*. Representa el interés, de cero a cien, en los términos de búsqueda «vientre de alquiler» (la más oscura) y «gestación subrogada» (la más clara), durante un periodo de siete años en España:

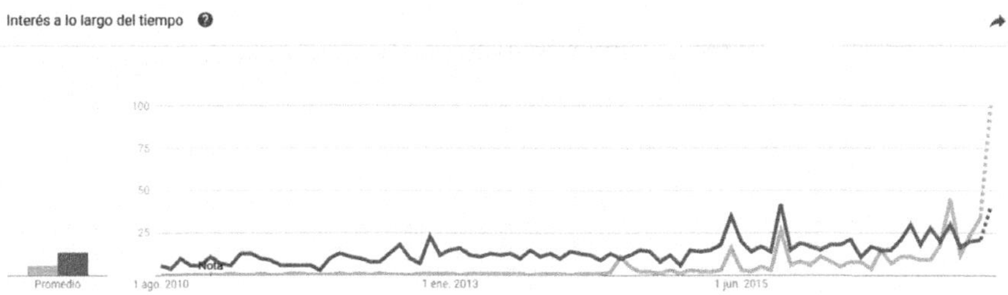

Hace apenas siete años nadie hablaba de «gestación subrogada». Tiene que llegar junio de 2014 para que encontremos el primer pico significativo de interés. ¡Hace tan solo tres años! En mayo de 2015 empieza a despegar de verdad, pero su frecuencia en las búsquedas no supera a «vientre de alquiler» hasta marzo del presente. Observa ahora, a la izquierda, el gráfico de barras: muestra el interés promedio en el intervalo temporal cubierto. «Vientre de alquiler» vence por más del doble a su expresión, o si lo deseas, a su metáfora competidora. Sin embargo, si extraemos un gráfico de los últimos tres meses...

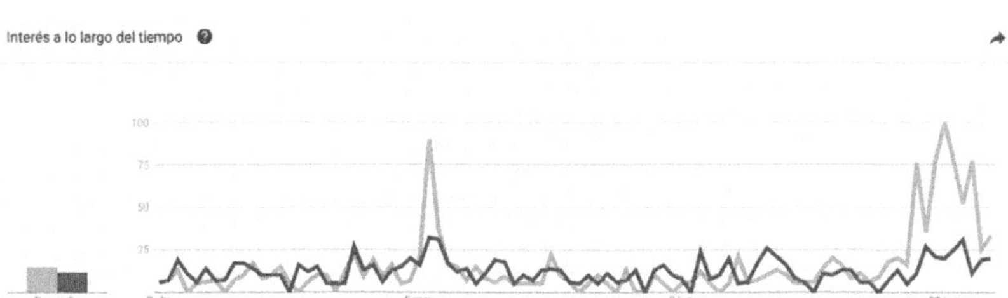

... Vemos cómo «gestación subrogada» ya supera consistentemente a su vetusta competencia. ¿Qué conclusión sacarías de este curioso fenómeno, Simplicia?

—Yo diría que en los últimos años no ha cambiado ningún elemento objetivo en la demanda de vientres de alquiler. Habría que comprobarlo, naturalmente. Aunque lo cierto, Salviatina, es que si me aseguraras que alguien está orquestando una campaña para cambiar la percepción de este fenómeno mediante una nueva metáfora, estaría muy tentada de creerte.

—¿Asegurar yo tal cosa? Me faltaría rigor, y sabes que sin rigor no hay ciencia, aunque ¡no hay que dejar que se convierta en *rigor mortis*! Ah, parece que nos hemos alejado mucho de nuestro punto de partida. Veo una terraza agradable cerca en la que podríamos sentarnos... ¡Vaya! ¿No es Sagreda la que está sentada bajo la sombrilla azul?

—Querrás decir verde...

Bibliografía

Bylund, E., & Athanasopoulos, P. (2017). «The Whorfian time warp: Representing duration through the language hourglass». *Journal of Experimental Psychology: General*, 146(7), 911-916. doi:10.1037/xge0000314

Lakoff, G. (1992). «The contemporary theory of metaphor». *Metaphor and Thought*, 202-251. doi:10.1017/cbo9781139173865.013

Google Trends. Visitado el 07/07/2017, en https://trends.google.com/trends/

INSECTOS ZOMBIS

Por Pablo José Barrecheguren Manero

No debo abrir la puerta.

Desde que empecé a dedicarme a la entomología, una idea me ha acompañado durante todos estos años: es curioso cómo nuestra civilización se parece a una gigantesca colonia de hormigas con sus montones de arena, acero y cemento acumulándose sobre el suelo; y túneles, cavidades angostas por las que nos desplazamos atravesando el terreno. La humanidad es un hormiguero abarrotado, y las personas no somos más que insectos moviéndonos por espacios estrechos con aparente voluntad propia.

Debería... Debería alejarme de la puerta.

Sí... y con otro ibuprofeno para la mandíbula y un té caliente me sentiré mejor. Se está más tranquilo aquí, en el salón. Este sofá da a la ventana y está de espaldas a la puerta. Irónicamente hace un buen día. Quién lo diría.

Como todas las sociedades, los hormigueros son vulnerables. Pueden aguantar sequías e inundaciones, depredadores y golpes, pero las amenazas reales son siempre sutiles, invisibles, microscópicas. Se conocen más de mil clases de hongos capaces de infectar y matar insectos. Son organismos que crecen y se multiplican a costa de otros, a veces incluso sin llegar a matar al huésped que parasitan: en ocasiones es mejor que el propio animal viva, contaminando al resto de la colonia. Sin embargo, como grupo, los huéspedes no están completamente indefensos: hay insectos sociales como las abejas, las hormigas o las termitas que desarrollan comportamientos higiénicos como acicalarse los unos a los otros cuando detectan esporas del hongo *Metarhizium*, y este proceso de limpieza también incluye la secreción de sustancias químicas que reducen la proliferación de hongos, como el ácido fórmico que producen algunas hormigas. O las termitas, que durante la construcción de sus nidos también secretan sustancias que dificultan la aparición de infecciones. E incluso algunos insectos enfermos llegan a sacrificarse por el resto de la colonia: las hormigas de jardín, por ejemplo, cuando se infectan con el hongo *Metarhizium anisopliae* se alejan del nido abandonando cualquier tipo de contacto social horas o días antes de su muerte...

... si unas hormigas pueden hacerlo, yo también debería ser capaz. De camino al baño a por un segundo ibuprofeno paso por la puerta de la entrada. En el espejo del lavabo me veo horrible, como si tuviera la madre de todas las gripes. Abro y cierro la boca intentando relajar la mandíbula. Me vuelvo a mirar en el espejo. Cojo toda la caja de ibuprofenos. Necesito una cerveza.

Y de todos los hongos mata hormigas, el *Ophiocordyceps unilateralis* es el más hijo de puta. En las zonas tropicales, mientras las hormigas exploran el exterior buscando comida se les adhieren las esporas del hongo y penetran en la cutícula del insecto. Transcurridos de tres a seis días, el individuo muere y de su cabeza crece el hongo, generando una alargada estructura desde la cual disemina sus esporas. Lo interesante es que justo antes de morir, las hormigas se desplazan a puntos elevados, como el reverso de las hojas de los árboles, muerden la hoja con toda la fuerza de sus mandíbulas, y mueren. Así el cadáver queda fijo en una posición en alto, lo que le da tiempo al hongo para crecer desde el cadáver adhiriéndolo con más fuerza a la superficie. Esto es importante porque si la hormiga muerta cae al suelo se limita la propagación de las esporas por el terreno, pero si se queda agarrada a las superficies de los árboles las esporas caen desde una mayor altura, lo cual facilita que estas se diseminen por la mayor superficie de suelo posible; que es por donde se mueven las hormigas sanas. Incluso, en algunas ocasiones, se han llegado a encontrar en las selvas grandes concentraciones de hormigas muertas infectadas por *O. unilateralis*, creando los denominados «cementerios».

Es... sorprendente que algo tan pequeño, un mero hongo, sea capaz de cambiar el comportamiento de otro ser vivo para favorecer su propagación. Es lo que nos llevó a investigarlo por primera vez. Íbamos al trópico, que es donde habita este organismo, y buscábamos hormigas muertas por las selvas de América del Sur, África, Tailandia o Australia. Aunque no cualquier hormiga muerta porque el *O. unilateralis* solo infecta a unos tipos muy concretos y, de hecho, existen subespecies de este hongo especializadas en grupos determinados, llegando casi hasta una proporción de un subgrupo de hongo por clase de hormiga. Esto resulta inusual, ya que normalmente estos hongos son capaces de infectar a cientos de tipos de insectos; solo a insectos.

Pontoppidan *et al.*, 2009

Cadáver de una hormiga infectada por el *O. unilateralis* (arriba). Primer plano donde se aprecia el crecimiento de una estructura fúngica desde la nuca de la hormiga para la diseminación de las esporas (abajo).

Al menos eso pensábamos hasta que llegaron los primeros casos de gente con comportamientos extraños en varios hospitales tropicales. En todos los informes médicos se mencionaban conductas «anómalas en los pacientes», la contracción creciente de los músculos de la mandíbula y luego, a las pocas horas de la muerte, la aparición de un hongo a través de las cavidades oculares. Cuando vi las primeras imágenes pensé que era una broma, que tenía que ser alguna campaña promocional de *The Last of Us 2* o algo así.

Hace dos semanas pusimos en cuarentena a toda la población potencialmente expuesta al patógeno y desde entonces el número de casos está controlado. Pensábamos que entendíamos su modo de propagación pero si yo... si yo estoy enfermo entonces tiene que tratarse de otra forma, ¿el aire? Ya lo habíamos descartado pero no se me ocurre de qué otra forma puede ser y si es el aire... Joder, debería avisar a Lara, al portero de casa, a... qué coño, debería haber llamado al laboratorio esta misma mañana para que vinieran directamente a buscarme, poner en cuarentena todo el... ¿qué hago de pie con la mano sobre el pomo de la puerta?

Joder. Lentamente me alejo de la puerta. Tiene que ser el puto hongo, el puto hongo creciendo en mi cabeza haciendo que... arg, mi cabeza: la tensión de la mandíbula me está dando un dolor de cabeza enorme, debería ir a la farmacia a por algo más fuerte. Sí, eso parece una buena idea...

¿Qué coño estoy diciendo? Vamos a ver, céntrate. Respira, inspira, eso es, lentamente. Cógete otra cerveza, trágate dos ibuprofenos más, siéntate en el sofá, eso es... y piensa, ¿qué sabemos del *Ophiocordyceps unilateralis*? De cómo ha empezado a infectar humanos y les genera los cambios de comportamiento todavía no tenemos ni idea, pero... ¿y en las hormigas? Bueno, aquí tampoco sabemos mucho: el ciclo de infección está claro, pero sobre cómo controla a las hormigas exactamente, ni idea.

Hay varias indicaciones de que cambios bioquímicos en los insectos alteran su comportamiento; por ejemplo, se ha visto que el neurotransmisor dopamina contribuye a cambios de comportamiento e interacción social en las hormigas. Es más, la administración de dopamina a hormigas provoca que comiencen a abrir las mandíbulas y morder a insectos ajenos. Así que todo indica que la infección del *Ophiocordyceps unilateralis* altera la bioquímica del sistema nervioso, pero todavía nos falta mucho para saber con exactitud qué es lo que hace y cómo lo hace. Resulta muy complicado averiguar cómo un parásito puede llegar a «controlar» al huésped, aunque el *Ophiocordy-*

ceps unilateralis no es un caso único. Está el hongo *Ophiocordyceps sinensis*, que infecta los nidos subterráneos de las larvas de la polilla *Hepialus sp* y, pasado un tiempo, el hongo dirige a las larvas cerca de la superficie donde la larva muere, es momificada por el hongo y crece de su cabeza la estructura fructífera del hongo, que al estar cerca de la superficie puede llegar al exterior y propagar sus esporas eficientemente. Y si nos olvidamos de los hongos, están los casos de grillos y saltamontes que, infectados por las larvas del gusano *Spinochordodes tellinii*, se suicidan ahogándose en charcos, que son los sitios donde el gusano adulto vive y se reproduce.

Ejemplos hay bastantes, pero ni idea de cómo lo hacen. La gente nunca se ha interesado por estas cosas: «Y eso, ¿para qué sirve?», me preguntaban. Pues mira, ahora que estamos al borde de una pandemia planetaria quizás te arrepientas de que la industria investigue más en cosméticos que en entomología y... Me estoy dispersando. Tengo que tomar una decisión. No consigo llamar a nadie: algo me impulsa a detenerme justo antes de marcar el último dígito. Se me tensionan las falanges o tengo la idea de llamar pero algo me distrae. Tampoco es que importe: en el laboratorio no tenemos ninguna cura para esto.

No voy a salir de esta. Es hora de que lo afronte. Joder... joder, ¡joder! Buf... razona, deja las emociones a un lado, respira por la nariz. Piensa: voy a morir, eso no se puede cambiar, pero eventualmente alguien sabrá que algo malo me ha pasado, vendrá, llamará a la puerta hasta que eventualmente decida que hay una emergencia médica y tire la puerta abajo. Entonces es posible que se contamine por las, ¡joder! ¡Lara tiene una copia de las llaves! El hongo crecerá de mi cadáver y liberará las esporas al ambiente, ella las respirará y... pero, pero, ¿y si muero en un ambiente tóxico para las esporas? ¡Eso es! Las hormigas usan sustancias químicas para limitar el avance del hongo. Yo no tengo ácido fórmico pero la lejía mata casi todo, ¿no?

Podría meterme en la bañera, echarme un montón de lejía y matarme... Deja a un lado las emociones, razona, solo razona. Es una chapuza pero es lo que hay. Y es mejor si también dejo una nota escrita pegada al baño explicando todo y echo el pestillo. Así no entrará nadie por error. Sí, eso debería bastar. Voy a la cocinar a por la lejía y luego al despacho a por... mierda, no me queda casi lejía. Bueno, no pasa nada, bajo un momento al súper, compro dos o tres garrafas, mejor cuatro, y me mato.

Sí, eso parece una buena idea.

Bibliografía

Pontoppidan, M. B., Himaman, W., Hywel-Jones, N. L., Boomsma, J. J., & Hughes, D. P. (2009). «Graveyards on the move: The spatio-temporal distribution of dead ophiocordyceps-infected ants». *PLoS ONE*, 4(3), 1-10.

Shang, Y., Feng, P., & Wang, C. (2015). «Fungi That Infect Insects: Altering Host Behavior and Beyond». *PLoS Pathogens*, 11(8), 1-6.

Turnbull, C., Wilson, P. D., Hoggard, S., Gillings, M., Palmer, C., Smith, S., Beattie, D., Hussey, S., Stow, A., Beattie, A. (2012). «Primordial Enemies: Fungal Pathogens in Thrips Societies». *PLoS ONE*, 7(11), 1-4.

Wichadakul, D., Kobmoo, N., Ingsriswang, S., Tangphatsornruang, S., Chantasingh, D., Luangsa-ard, J. J., & Eurwilaichitr, L. (2015). «Insights from the genome of Ophiocordyceps polyrhachis-furcata to pathogenicity and host specificity in insect fungi». *BMC Genomics*, 16(1), 881.

PINTO ASÍ PORQUE PUEDO

Por Deborah García Bello

¿Podríamos contar la historia de la pintura a través de la ciencia? Desde los recipientes que Rembrandt utilizaba para conservar sus pinturas al óleo, a los tubos de pintura que sirvieron a los impresionistas para pintar a la intemperie, al acrílico de los muralistas mexicanos y su influencia en el expresionismo abstracto. Artistas de renombre, como Claude Monet, Jackson Pollock o Yves Klein, supieron ver en la ciencia una herramienta poderosa.

Trabajar con Rembrandt era un privilegio. Los jóvenes aprendices que pasaban temporadas en su estudio pagaban para poder recibir formación como artistas. Al principio se encargaban de preparar lienzos. Tensaban las telas y las fijaban sobre bastidores de madera. También preparaban pinturas tal y como se hacía en el siglo XVII, moliendo pacientemente pigmentos, en su mayoría piedras de colores, y mezclándolos con aglutinantes. Los aglutinantes de la época eran aceites que, mezclados con pigmentos y disolventes, dan como resultado pinturas al óleo.

Las pinturas están formadas esencialmente por dos componentes: el pigmento, que las dota de color, y el aglutinante, que es el que determina la técnica —que una pintura se llame óleo, acrílico, *gouache*, acuarela, etc.—. Estas pinturas, a su vez, se pueden mezclar con disolventes que modifiquen la viscosidad, el tiempo de secado o la transparencia.

Si no se hubiese descubierto el aceite como aglutinante, nunca se habría pasado de la pintura al temple, hecha con huevo, a un tipo de pintura más luminosa, basada en capas superpuestas y que mantuviese el tono al secar.

La pintura al óleo pierde elasticidad con celeridad. Los disolventes se secan de forma física, perdiendo agua por evaporación, mientras que los aglutinantes oleaginosos secan de forma química, por medio de reacciones de oxidación. Toda la pintura que se preparaba debía de utilizarse en el momento para que no se echase a perder. Pero Rembrandt empleaba un método muy ingenioso que le permitía conservar sus pinturas más tiempo e incluso llevárselas ya preparadas para pintar en otro lugar. Lo que hacía era rellenar vejigas de cerdo con pintura fresca y anudarlas para que el aire no entrase en contacto con ellas. Cuando quería utilizar alguna, pinchaba la vejiga y la exprimía.

No poder pintar en cualquier lugar y en cualquier momento, limitaba las opciones creativas de los artistas. Esa imagen bucólica de los artistas pintando al aire libre no fue posible hasta el siglo XIX. Que Manet y otros impresionistas pudiesen pintar sus obras en el exterior fue gracias a un avance tecnológico: el tubo de aluminio para pintura. Estos tubos eran análogos a los actuales tubos de pintura al óleo. El aire no entra en contacto con la pintura y se cierran herméticamente permitiendo que la pintura pueda usarse durante varios días sin que se estropee. Renoir decía que sin estos tubos no habría existido ningún Monet ni ningún Cézanne.

Además de este avance tecnológico, la cultura científica también influyó en el nacimiento del impresionismo. Monet había estudiado el libro del físico Hermann von Helmholtz titulado *Manual de óptica fisiológica*. En este libro se hablaba de fenómenos ópticos más allá de lo que pudiese interesar a médicos y fisiólogos. Hablaba de la gramática del lenguaje visual: formas, dimensiones y colores. Una de las afirmaciones más sugerentes de Helmholz era que el color no se encuentra en la naturaleza de la luz, sino en nuestra percepción. También fue él el que descubrió que en la retina solo contamos con tres tipos de pigmentos, localizados en los conos y que limitan nuestra sensibilidad al rojo, verde y azul. Es nuestra mente la que crea el resto de colores. Todo lo que no sea rojo, o verde o azul, es una invención.

El uso del color de los impresionistas supuso el inicio de una de las mayores metamorfosis de la pintura. No pintaban lo que creían ver, sino lo que realmente veían.

La forma en la que percibimos las imágenes está mediada por las representaciones tradicionales de la realidad, tanto por el dibujo como por la pintura. Los objetos no están delimitados por trazos oscuros como a veces ocurre en el dibujo. Más allá de la forma y las proporciones, el dibujo de una cara que haría un niño, lo reconoceríamos como una cara, pero en nada se parece a cómo vemos una cara real. Aun así, es un código que funciona.

Lo mismo ocurre con el uso del negro en pintura. Apenas hay negro en la realidad. Las sombras son grises y azuladas, no son negras. La pintura figurativa anterior al impresionismo ofrece otros modelos para representar la realidad. Son modelos confortables para nuestra percepción, pero plagados de convenciones.

Para los impresionistas el negro estaba prohibido, dejó de formar parte de la paleta porque «en la naturaleza no hay negro, sino sombras violetas», como decía Monet. Incluso lo que podría tenerse por lo más negro de los cuadros impresionistas de Monet es efecto de mezclas entre los nuevos colores artificiales y brillantes de entonces, como el azul cobalto, azul cerúleo, ultramar sintético, verde esmeralda, verde viridiana, rojo bermellón y una laca de carmín basada en tinte sintético.

La irrupción de la fotografía también supuso un antes y un después para el arte. Si la pintura del momento ya era entendida como la representación fidedigna de la realidad, y la fotografía podía mostrar una realidad todavía más objetiva e instantánea, ¿qué sentido tendría seguir pintando como hasta entonces?

En 1874, un grupo de jóvenes artistas, entre ellos Monet, decidieron exponer sus obras fuera del ámbito oficial del Salón de París. El fotógrafo Félix Nadar les cedió su estudio para la muestra. Sus pretensiones no eran tanto mostrar una nueva forma de entender la pintura, ni un nuevo procedimiento, alejado de los cánones academicistas, sino más bien la voluntad de conducir el trabajo artístico hacia nuevos planos de experiencia. Hay algo que no se le perdonaba a Monet, y es que no había sido discípulo de nadie.

Cuando se habla de los impresionistas se recurre a tópicos procedimentales: plenairismo (pintura al aire libre), su modelo era la naturaleza y no retocaban sus pinturas en el estudio. A Monet se le acusó de no ser fiel al procedimiento, de utilizar fotografías para luego poder retocar sus pinturas en el estudio. Pero, según Monet, pintar al natural no garantiza que el resultado vaya ser mejor: «El procedimiento utilizado no da valor en sí mismo a la obra».

El primero en hablar de *impresionismo* fue el periodista Louis Leroy, quien en un artículo sobre la muestra titulado «La exposición de los impresionistas», utilizó la expresión *impresionista* en tono despectivo, de burla. Leroy extendió a todo el grupo el término que aparecía en el nombre de una pintura de Monet presente en la muestra: *Impresión, sol naciente*. Pocos días después, Jules-Antoine Castagnary, un influyente crítico de arte, rescata el término *impresionista* y censura que ese grupo de artistas no hubiesen sido admitidos oficialmente en la muestra de arte del Salón de París.

La siguiente gran revolución de la pintura que fue de la mano de la ciencia sucedió en los años veinte. Un grupo de pintores mexicanos, en especial José Clemente Orozco, David Alfaro Siqueiros y Diego Rivera, querían pintar grandes murales para edificios públicos que pudiesen permanecer expuestos al aire libre sin corromperse, cosa que era imposible por medio de técnicas ya conocidas como el óleo o el fresco. Necesitaban una pintura que se secase rápidamente y permaneciera estable a la intemperie. En realidad, lo que necesitaban existía ya desde hacía tiempo en el campo industrial, pero nunca se había empleado como vehículo para pigmentos: el acrílico.

Lo que coloquialmente llamamos pintura acrílica es en realidad una emulsión del polímero acrílico y agua en la que están contenidos los pigmentos. Cuando la pintura acrílica se seca, el agua que contiene se evapora, y una vez que esto sucede ya no tiene lugar ningún otro cambio. Esto significa que el artista puede añadir más pintura a una superficie completamente sellada, pudiendo repintar o aplicar veladuras —capas de pintura superpuestas que dejan entrever el color de fondo— con absoluta seguridad. Otra de las virtudes de esta nueva pintura es que durante el secado no se produce una variación muy importante en el tono, aunque esta variación sí resulta notable si la comparamos con el óleo.

Las posibilidades de esta nueva pintura iban más allá de la necesidad de las pinturas para exteriores. Los científicos creyeron que habían conseguido la pintura más estable, más versátil y que habían abierto una puerta más a la experimentación artística. No se equivocaban. Cada vez que en la colaboración entre los artistas y los científicos surge un nuevo material, este no suele quedarse estancado en satisfacer únicamente la necesidad primigenia, sino que posibilita nuevas técnicas y formas de expresión artística. La invención de esta nueva pintura fue como si demandara una nueva posibilidad en el arte.

Los acrílicos se hicieron comercialmente disponibles en los años cincuenta como pinturas basadas en minerales conocidas como magna. El magna es un tipo especial de pintura acrílica para uso artístico, fue desarrollado por Leonard Bocour y Sam Golden en 1947. En el magna los pigmentos tienen como base una resina de acrílico emulsionada en alcohol, no como los acrílicos modernos, que están emulsionados con agua.

En los años sesenta el acrílico ya se había convertido en una pintura de uso común para muchos artistas estadounidenses. Los más destacados de su época habían experimentado los límites plásticos de esta nueva pintura, y gracias a ello surgieron movimientos artísticos y técnicas que supusieron una marcha sin retorno, como Jackson Pollock, Kenneth Noland, Mark Rothko, Morris Louis, etc.

Morris Louis, uno de los más relevantes artistas del expresionismo abstracto, dejaba el lienzo sin imprimar, es decir, no aplicaba una capa de pintura para cubrir el tejido del lienzo, sino que pintaba directamente sobre la tela virgen. La pintura era suficientemente consistente como para no atravesar completamente el poro del lienzo, y suficientemente fluida como para mantener el rastro en la cara visible. La pintura al óleo dejaría un cerco de óleo sobre el lienzo alrededor de las orillas del color; en cambio la pintura acrílica se detiene en su mismo margen. Por este motivo el acrílico había permitido crear estas obras que antes, con el óleo, habrían sido impensables.

La inspiración de Morris Louis surgió de la contemplación de la obra de Helen Frankenthaler. Esta artista empleaba óleo diluido con trementina y queroseno que permitía que el lienzo sin imprimación filtrara y absorbiera la pintura. La mancha resultante, que dejaba a menudo un aura a su alrededor, daba a la obra una sensación de movimiento continuo, uniendo imagen y soporte.

A diferencia de Jackson Pollock, quien también utilizaba acrílico, a Morris no le interesaba dejar constancia de la acción del artista ni de los utensilios utilizados para la ejecución de la obra. El método de Morris se desligó del *action painting* (pintura de acción) de Pollock y se vinculó al *color field* (campos de color). Morris no salpicaba o dejaba caer chorros de pintura sobre sus lienzos tal y como hacía Pollock. Las obras de Morris carecen de violencia en la ejecución, carecen de acción, son el resultado de un proceso armonioso en el que la pintura mancha el lienzo deslizándose sobre él por gravedad, no chocando contra él.

En 1955, el artista Yves Klein, famoso por su *International Klein Blue* (azul Klein internacional), decidió dar un paso más que cambiaría la deriva de cómo la ciencia y la tecnología influyen en el arte. Hasta la fecha, las técnicas y los materiales que se iban inventando irrumpían más tarde en el mundo del arte. Klein cambió el orden de los acontecimientos.

Klein no solo quería hacer obras utilizando como único pigmento el azul ultramar, sino que pretendía algo que nunca antes se había logrado: conseguir una pintura con azul ultramar que conservase la misma opacidad que el pigmento seco. Con los aglutinantes que se conocían es ese momento, como acrílicos y óleos, el resultado tendría un acabado con brillos, muy alejado de la textura que Klein imaginaba.

Para conseguirlo, Klein se puso en contacto con el distribuidor de pinturas Adam, y éste le puso en contacto con un grupo de químicos que trabajaban para la compañía farmacéutica francesa Rhône Poulenc. Estos científicos desarrollaron un aglutinante de acetato de polivinilo (una resina sintética derivada del petróleo) que registraron bajo el nombre de Rhodopas M o M60A. Además de este aglutinante, Klein empleó alcohol etílico y acetato de etilo como disolventes para controlar la viscosidad de la pintura final.

El pigmento azul ultramar, el aglutinante Rhodopas M y el disolvente son los componentes que dan lugar a la impresionante pintura *International Klein Blue* (IKB). Una pintura electrizante con una elegancia asociada de la que carece cualquier otro color con esa potencia. Además, el azul en pintura es el color que más cubre, es el negro espectral del mundo del arte. «¿Qué es el azul? El azul es lo invisible haciéndose visible», en palabras del propio Klein.

Las técnicas y los materiales propiciados por el avance científico no solo influyen en la deriva del arte, sino que delimitan el ideario de los artistas. Para que algo pueda hacerse, primero ha de ser imaginable.

Bibliografía

Davis, D. (1994). *El jilguero y Fabritius: La verdadera historia de un cuadro y un pintor*. Ed. Lumen.

Doerner, M. (1998). *Los materiales en pintura y su empleo en el arte*. Ed. Reverté.

Durán, X. (2008). E*l artista en el laboratorio*. Publicacións de la Universitat de València.

García Bello D. (2013). «La química del azul Klein». *Dimetilsulfuro*.

García Bello, D. (2015). «Morris Louis. La ciencia del *Color field*». *Dimetilsulfuro*.

Jiménez, J. & Gavioli, V. (2003). *Monet*. Colección Los grandes genios del Arte, Biblioteca El Mundo.

Lamirada, G. (2012). *Nadar, uno de los más grandes fotógrafos del siglo XIX*. Xataka Foto.

Museo Guggenheim Bilbao (1998). *Después de «Montañas y Mar». Frankenthaler 1956-1959*. Catálogo de exposición.

Weitemeier, H. (2005). *Klein*. Ed. Taschen.

EL LEGADO DE HENRIETTA. VIAJE EN EL TIEMPO AL OBSERVATORIO DE HARVARD

Por Nuria Fonseca Bonilla

Observatorio de Harvard, Massachusetts. 1912

Es ya tarde, pero casi todas siguen inmersas en su tarea pese al cansancio. Y digo todas porque en esta sala no hay hombres, solo mujeres. Es así desde que el director del Observatorio de Harvard, Edward Charles Pickering, decidiera que este arduo trabajo lo podrían hacer mejor (y bastante más barato) mujeres. Seis días a la semana y 25 centavos la hora. Como mucho, 50. Su trabajo es muy minucioso y requiere mucha concentración. Consiste en escudriñar y sacar datos de la ingente cantidad de placas fotográficas (cientos de miles) que ha ido reuniendo el Observatorio en estos años. Estudian placa a placa, hora tras hora. Este nuevo método para el almacenamiento de imágenes promete grandes avances a la astronomía, pero tiene el inconveniente de que su análisis sigue siendo muy «manual».

Por eso hace falta gente. Y de un tiempo a esta parte, aún con más motivo. Porque el Observatorio no solo ha estado almacenando desde el siglo anterior las placas de cristal de las imágenes obtenidas de fotografiar el cielo en distintas partes del mundo (incluyendo el propio Observatorio), sino que, además, gracias al legado del reputado astrónomo aficionado Henry Draper (primero en fotografiar la luna con un telescopio), desde hace unos años tiene una prometedora colección de espectros estelares. Y los espectros son una gran herramienta para conocer de qué están compuestas las estrellas. Lo bueno es que en esa generosa donación (cuyo uso y resultados supervisa activamente su viuda) hay dinero suficiente para contratar durante años a la gente necesaria para estudiarlos. Y ahí es donde aparecen estas mujeres que están en el Observatorio enfrascadas en sus tareas.

Las «calculadoras», como se las conoce formalmente, suelen trabajar en parejas en la biblioteca del Observatorio: una mira la placa y comenta en voz alta sus observaciones mientras su compañera va haciendo anotaciones en un cuaderno. Otras (como Williamina, Antonia, Annie, Henrietta...), están encargadas de encontrar patrones en esas placas para poder hacer clasificaciones. Más adelante, vendrán muchas otras mujeres.

Harvard University Archives / HUV 1210 (9-4)

Imagen de las «calculadoras» de Harvard con E. C. Pickering. Se puede ver como algunas están colocadas por parejas: una realiza anotaciones mientras la otra observa la placa (con algún instrumento óptico que aumente la imagen para poder observar detalles). A Henrietta Leavitt se la ve al fondo a la izquierda observando ayudada por una lupa.

En los inicios de este grupo, hace unos años ya, el trabajo de Williamina (Fleming) sirvió para publicar un catálogo con más de 10.000 estrellas. Williamina comenzó siendo la primera, ahora es la «jefa». Tiene formación de maestra y, por circunstancias de la vida, anteriormente fue doncella de Pickering. O, también se podría decir que por circunstancias de la vida, ahora es astrónoma... Es muy inteligente y trabajadora, cosa que demuestra diariamente con su incansable trabajo. Pero aún le faltaban muchas estrellas por clasificar y el catálogo es mejorable. Es lo que tiene la ciencia, que siempre está en construcción. Y es normal que los catálogos vayan teniendo distintas versiones con el paso de los años. Así que el que será conocido como el Catálogo Henry Draper está siendo revisado ahora por Annie (Jump Cannon), que es la encargada de las placas, y su equipo. Antes que Annie se encargó Antonia (Maury), la sobrina de Draper, pero Pickering y ella discrepaban en el planteamiento. Por eso ahora se encarga Annie. Ella siempre ha tenido muy buen ojo para estudiar y leer espectros. Pickering dice que es la mejor persona para hacer este trabajo. Su catálogo contendrá más de 400.000 estrellas analizadas a un ritmo de 5.000 al mes, con la ayuda de su equipo. Es increíble. Ella no lo sabe pero, aunque con modificaciones (e incluyendo muchas más estrellas), su catálogo es la base de la estructura de la clasificación espectral que se usará más de un siglo después con el nombre de Catálogo Espectral de Harvard. Antonia Maury tampoco sabe que, aunque dejará el Observatorio de Harvard por sus diferencias con Pickering, volverá años más tarde bajo la supervisión de otro científico. Además, sus ideas para la clasificación serán incorporadas en el Catálogo Henry Draper. Y esa versión será la que dé lugar al que Catálogo Espectral de Harvard.

Henrietta no se dedica a la espectroscopía como últimamente sus compañeras. Su tarea sigue enfocada en el estudio de la fotometría, es decir, el estudio del brillo de las estrellas (que es un dato imprescindible para poder describirlas). Quizá es porque, igual que parece que Annie nació con un don para leer espectros, ella tiene buen ojo para encontrar estrellas. Puede que, también, el hecho de que se quedara sorda hace unos años ayude a ello.

Henrietta, en concreto, estudia un tipo de estrellas que se sabe que van variando su brillo (ya que se las ve más o menos brillantes según cuándo se las observe) y a las que se les puso por ello el nombre de variables. Algunas estrellas variables tienen cambios muy regulares y periódicos, lo que hace que sean fácilmente diferenciables del resto. Eso las hace bastante útiles a priori y, por lo que se está viendo, parece que son bastante interesantes. En un tiempo se las conocerá como

Cefeidas por la estrella δ Cephei. De momento ella las llama «variables de cúmulo», porque en esas agrupaciones de estrellas es donde suelen aparecer estas variables regulares.

Encontrar variables implica observar detenidamente placas de la misma región del cielo y buscar diferencias entre ellas. A veces, para ayudarse en esa búsqueda y, gracias a que las placas son de cristal, superpone dos de ellas para comprobar si hay cambios. De esta manera, ha sido capaz de encontrar cerca de 2000 nuevas estrellas variables en la Pequeña y la Gran Nube de Magallanes, dos grandes agrupaciones de estrellas cercanas a nuestra galaxia (a las que aún no se reconoce como galaxias, eso todavía tardará unos años).

Estos primeros descubrimientos de variables ya los publicó hace cuatro años en una de las circulares del Observatorio. Esas circulares se empezaron a repartir hace ya casi diez años, poco después de que ella llegara al Observatorio. Su objetivo es dar a conocer hechos o resultados astronómicos que se consideran relevantes. En esa, en concreto, informaba de 1777 nuevas estrellas variables identificadas. Además, había podido calcular para dieciséis de las presentes en la Pequeña Nube de Magallanes tanto el tiempo que tardaban en volver a tener el mismo brillo (conocido como período), como su brillo (magnitud aparente). Bueno, para ser más específicos, los valores máximos y mínimos del brillo de cada una de esas variables regulares. Y se había dado cuenta de que parecía haber una relación por la que las más brillantes también tenían mayor período. Pero ya entonces sacar conclusiones con solo dieciséis estrellas le parecía arriesgado, porque es un número un poco bajo como para deducir comportamientos generales del resto de esas. Así que durante este tiempo se ha dedicado a intentar sacar datos fiables de brillo y período de alguna más. Pero es algo difícil. Como su brillo varía, muchas veces aparecen en las placas como un puntito luminoso muy débil pese a las horas de exposición empleadas para tomar las imágenes. También afecta cómo de largo sea el período y la separación entre los días en que se han tomado las imágenes. La buena noticia es que, ahora, tiene datos medidos de nueve Cefeidas más. Y eso hace un total de veinticinco, que es un número algo más elevado como para intentar comprobar si se cumple la relación que observó y extraer conclusiones.

Ahora mismo está terminando el borrador que le va a entregar a Pickering. Porque la idea es hacer también una circular con los resultados de este estudio ampliado, para que así sean conocidos en el Observatorio lo antes posible. Van incluidas unas gráficas que representan en el eje horizontal el período y en el eje vertical la magnitud aparente máxima y la mínima. En una de las gráficas, para ver mejor la relación entre ambas y convertirla en lineal, se sirve del uso del logaritmo del período.

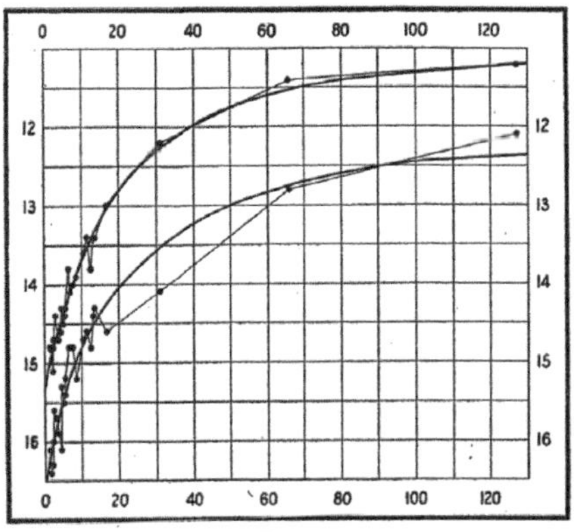

Fig. 1.

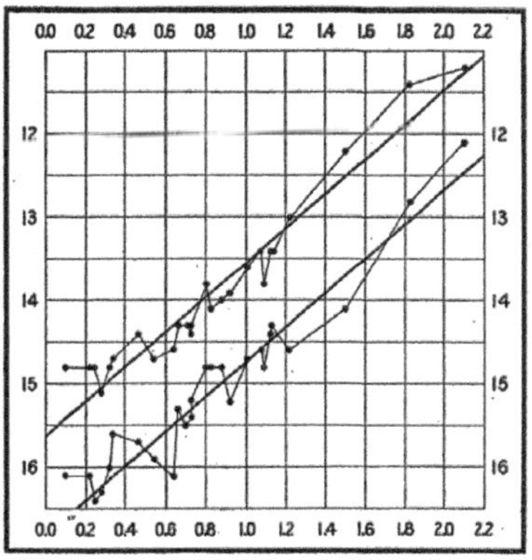

Fig. 2.

Gráficas incluidas en la Circular n.º 173 firmada por E. C. Pickering y preparada por Henrietta Leavitt «Períodos de 25 estrellas variables en la Pequeña Nube de Magallanes», con fecha del 3 de marzo de 1912. En el eje horizontal de la Fig. 1 (izq.) se representa el período medido en días y en el vertical las magnitudes aparentes. La curva más alta corresponde a los valores máximos de la magnitud aparente y la más baja a los mínimos. En la Fig. 2 (dcha.), lo que se representa en el eje horizontal es el logaritmo del período. De esta manera se ve mejor la sencilla relación entre magnitud y período: al unir (por separado) los puntos de magnitud máxima y los de magnitud mínima lo que se obtiene, en cada caso, es una línea recta.

Henrietta es muy meticulosa y organizada y lo apunta todo en sus cuadernos. De ellos se está sirviendo para redactar la circular. En ellos también tiene algunos de los datos de las nuevas estrellas variables que ha ido encontrando. Estas irán ya en la próxima circular que prepare. Al final de su vida (que, tristemente, será dentro de unos pocos años), habrá descubierto unas 2400 estrellas variables. Dejemos a Henrietta terminando su trabajo, aún le queda mucho por hacer. Porque, ella, mientras termina de redactar el borrador de la circular no lo sabe... Pero su contribución a la ciencia será muchísimo más trascendente de lo que nunca hubiera podido imaginar.

La relación que describía Henrietta en esta circular se reformuló para poder usar el brillo real de la estrella y no el aparente, ya que el que vemos está atenuado por lo que hay entre nosotros y lo que observamos. Y se conoce actualmente como Ley Período-Luminosidad para Cefeidas (más comúnmente) o incluso Ley de Leavitt. La clave de su importancia está en que, gracias a los resultados de Henrietta, las Cefeidas resultaron una útil herramienta para medir distancias. Y eso tuvo muchas implicaciones:

Al astrónomo danés Ejnar Hertzsprung (que ha pasado a la historia, entre otras cosas, por sus estudios de la temperatura y luminosidad de las estrellas, y por la elaboración de un diagrama que relaciona ambas que se sigue usando actualmente) le pareció muy interesante el descubrimiento de Miss Leavitt (como se referían a ella los científicos). Y se puso a estudiar las Cefeidas. En 1913, al año siguiente de la publicación de la circular que estaba redactando Henrietta, publicó un artículo sobre ellas. En él, usando la distancia a Cefeidas cercanas que había podido medir y usando la relación de Henrietta, calculaba la distancia a la Nube de Magallanes (aunque debería ser posteriormente corregida). Y parece ser que pudo reformular la relación de Henrietta para usar la luminosidad de las estrellas, una manera de medir el brillo real de las estrellas en lugar del aparente.

El astrónomo Harlow Shapley, por su parte, utilizó los resultados de Henrietta para estudiar los cúmulos globulares que rodean nuestra galaxia (donde se encuentran las Cefeidas, que como ya dijimos, Henrietta las denominaba variables de cúmulo). La clave, otra vez, estaba en usar su relación y calcular sus distancias. Conociendo las distancias a las Cefeidas, se conocía la distancia a los cúmulos. Esto le sirvió a Shapley para, en 1915, «dibujar» la forma de nuestra galaxia y comprobar que era espiral y mucho más grande de lo que se creía. Además, fue el que elaboró la teoría que explica la variación del brillo de las Cefeidas. Y también se le conoce por plantearse, tras estos descubrimientos sobre nuestra galaxia, que «quizá» nuestro Sistema Solar no estaba en el centro... De hecho, a día de hoy sabemos que está en uno de los brazos de nuestra galaxia. Tras la muerte de Pickering, Shapley pasaría a ser el nuevo director del Observatorio de Harvard.

Edwin Hubble también usó estos resultados para medir distancias (gracias a las Cefeidas se podían medir distancias más lejanas): se puso a buscar Cefeidas lejanas y las que obtuvo en 1924 le sirvieron para, en 1929, advertir que existía una relación entre distancias y velocidades: lo que se conoce actualmente como Ley de Hubble. Y llegar a la conclusión de que el universo se expande.

El destino quiso que, en 1925, el matemático sueco y miembro de la Academia de Ciencias sueca, Gösta Mittag-Leffler, pensara en Henrietta como candidata al Premio Nobel. Desgraciadamente, Henrietta había muerto en 1921 y el Nobel no se da a título póstumo. Habría podido convertirse en la quinta mujer ganadora de un premio Nobel. Así que, nunca sabremos si se lo habrían dado. Pero sí podemos estar seguros de que lo merecía. Y de que su figura y sus aportaciones, junto con las del resto de «calculadoras» de Harvard, no deben quedar en el olvido.

LA LOCURA DE LAS ARAÑAS

Por Javier Burgos

Las extrañas telas de araña fueron vistas por primera vez una mañana de otoño de 1948.

Tres años antes, el 6 de abril de 1945, se producía la mayor ofensiva de aviones suicidas de la historia. Durante la batalla de Okinawa, en la Segunda Guerra Mundial, los japoneses lanzaron el más feroz ataque kamikaze contra la flota norteamericana. Los pilotos nipones, incapaces de romper el muro de fuego envolvente de los cazas enemigos, se lanzaban directamente contra las defensas marítimas americanas. Cada avión japonés era una bomba. Los aviadores japoneses, anticipando su funesto fin, cargaban sus aviones con explosivos y se lanzaban en un viaje de no retorno hacia los portaaviones americanos, evitando un sacrificio en vano. No se trataba de comportamientos fanáticos, ilógicos o irracionales. Estaban preparados para tal fin. Habían diseñado minuciosamente su aterrador desenlace.

Cada mañana, justo antes de la salida del sol, la araña *Araneus diademas* teje su red, con una excelsa concisión y una sublime belleza. Una profusa tela que, a pesar de contener menos de medio miligramo de material, es fabricada por el animal para alcanzar más de veinte metros de longitud. La araña fusiona con precisión matemática cada punto donde el hilo cruza, en una milimétrica operación que se repite más de mil veces en una tela. Realiza su trabajo a gran velocidad, tejiendo sin descanso para fabricar su trampa mortal en menos de media hora. Moviendo sus patas con una estricta minuciosidad, calculando distancias, ángulos y tensiones, posicionando con una exactitud de relojero el siguiente nudo de hilo, respetando cada trazo de regularidad y de espaciado entre las fibras de seda. Y todo ello en completa oscuridad, antes de que despunte el alba.

La piel de los pilotos japoneses exudaba Philopon. Era la única forma de hacer la muerte más llevadera. La armada japonesa atiborraba a sus soldados con la droga del amor al trabajo. El estimulante ayudaba a los pilotos kamikazes a realizar largos vuelos y a hacer menos amargo el terror del instante en que se precipitaban desde las alturas, en los segundos previos antes de caer en picado, durante el zumbido sordo que precedía al atronador impacto sobre los barcos enemigos. En las factorías, el efecto del Philopon permitía a los trabajadores realizar largas jornadas sin necesidad siquiera de comer, produciendo más y más bombas en sus cadenas de montaje.

El profesor de zoología de la Universidad de Tübingen, Hans M. Peters, estaba obsesionado con la forma en que las arañas de jardín construyen sus telas. Y también estaba desesperado. Peters había intentado filmar durante meses, sin éxito, la construcción de las telas de araña. Los arácnidos tienen la insana costumbre de tejer sus redes a altas horas de la madrugada, y el bueno de Peters acababa durmiéndose en medio de sus investigaciones. Así que, tras los infructuosos intentos de observación, decidió pedir ayuda a Peter N. Witt, un joven farmacólogo berlinés de su universidad que trabajaba en el efecto de drogas psicoactivas en humanos.

El Philopon era producido por la compañía farmacéutica japonesa Dainippon. Se empezó a vender en 1941. Fue el doctor Kinnosuke Miura, en ese año, el que decidió sacar la droga del ostracismo para fabricar algo parecido a la Pervitina, la metanfetamina que usaban los pilotos de la Lutwafe, también llamada píldora de Hermann Göring, o de la Benzedrina, la droga hermana que los americanos ingerían en grandes cantidades para luchar en el frente. El Philopon empezó a usarse ese mismo año en los hospitales japoneses, y los estudiantes comenzaron a tomarlo para poder aguantar las largas noches de estudio, aunque la droga saltó rápidamente al frente militar, especialmente tras el comienzo de la guerra del Pacífico en diciembre de 1941.

Cuenta Witt la paciencia de los científicos, y las noches en vela cámara en mano, esperando somnolientos durante las madrugadas a que alguna de las arañas se decidiera a comenzar a tejer. Cuenta que el cansancio acumulado de la noche les hacía desistir, y como si de una señal se tratara, cuando estos abandonaban el laboratorio, los animales empezaban a tejer. Cuando los observadores volvían una hora después, las telas estaban perfectamente fabricadas y preparadas para cazar a sus presas. Parecía como si la presencia de los investigadores inhibiera el comienzo de la labor de construcción.

La metanfetamina fue descubierta en Japón en 1888. Nagayoshi Nagai, un científico de la Universidad de Tokio que había trabajado años antes en la Universidad Humboldt de Berlín, identificó la actividad en el extracto 33 del arbusto de la efedra, así que decidió llamar al compuesto M33N. Tres años antes, el propio Nagai había aislado la efedrina de la misma planta. No pasó nada más hasta 1919, cuando Akira Ogata, otro farmacólogo japonés, produjo la primera reacción de reducción de efedrina creando el cristal de metanfetamina. El descubrimiento durmió el sueño de los justos durante veinte años más, hasta que lo rescatara el doctor Miura para la Dainippon Pharmaceutical Company.

Tras mucha insistencia del zoólogo, Witt le propuso la única forma de arreglarlo que conocía: drogar a las arañas con psicotrópicos. Tal vez alguno de ellos hiciera que empezaran a tejer sus telas a horas más prudentes, aunque Witt no tenía ni la más remota idea de cómo iban a responder las arañas a las drogas. Así que preparó altas concentraciones de diferentes estupefacientes en agua azucarada y los aplicó minuciosamente con una jeringa en las bocas de las arañas. Desgraciadamente para Peters, las arañas no decidieron empezar a trabajar antes, pero el resultado de la elaboración de sus telas sorprendió a ambos científicos.

Durante la guerra, Japón sintetizó más de una tonelada de Philopon, y la distribuyó a precio de saldo entre su población, prescribiéndola desde niños a ancianos. Cuando acabó la guerra, miles de japoneses seguían enganchados al cristal, entre ellos los soldados. Tras la devastación del país, comenzó la escasez de comida para la población, aunque seguía siendo necesario que los trabajadores de las fábricas continuaran haciendo interminables jornadas de trabajo. Y lo mejor de todo, la empresa Dainippon Pharmaceutical tenía grandes excedentes de la droga para vender. Así que el gobierno japonés decidió mirar hacia otro lado. Japón llegó a tener más de un millón y medio de adictos al Philopon.

Aquella fría mañana, Witt y Peters se quedaron asombrados ante los patrones de construcción de las telas de las arañas. Los animales habían sido drogados el día anterior. Witt volvió a repetir el experimento unos días después. Y volvió a ocurrir lo mismo. Cada vez que los arácnidos recibían las preparaciones de anfetamina por la noche, a la mañana siguiente aparecían singulares telas mostrando aberrantes variaciones en la construcción geométrica de las redes.

El año en que las extrañas telas de araña aparecieron, Japón se desperezaba de su sueño lisérgico. Las hospitalizaciones por el abuso del Philopon ascendían drásticamente, al igual que los crímenes relacionados con el tráfico y consumo de la droga. En 1951 la metanfetamina fue prohibida en Japón. En 1955 cincuenta mil personas fueron detenidas por crímenes relacionados con el cristal.

Cuando las arañas eran envenenadas con sulfato de anfetamina, los animales se retorcían y se movían con dificultad, pero todavía seguían siendo capaces de tejer su red, generando un patrón de giros espirales en las telas y una marcada falta de precisión en la estructura. Witt, a partir de entonces, dedicó sus investigaciones a analizar el efecto de la anfetamina en varias especies de arañas, observando en todas ellas el mismo patrón alterado en la fabricación de sus redes.

Hoy en día, el cristal sigue siendo la droga más popular en el país del sol naciente. La mitad de las detenciones relacionadas con la metanfetamina están relacionadas con la Yakuza.

Witt acabaría escribiendo un artículo en 1954 titulado *Spider webs and drugs* en el que describiría con elegancia cómo varían los patrones de tejido de las telas de araña según la droga administrada. En 1995 el equipo de Rachna A. Relwani, del Marshall Space Flight Center de la NASA, reproduciría los estudios de Witt, analizando la forma de las telas en arañas intoxicadas con psicotrópicos mediante avanzadas técnicas de estadística aplicadas a la cristalografía, computarizando las estructuras de las celdas de las telarañas, determinando su número, sus áreas medias e incluso sus perímetros y sus radios. Witt, por su parte, tan solo había podido analizar de forma rudimentaria la regularidad, el tamaño y la forma de las telas.

Gracias a todo ello hoy en día sabemos con detalle que las metanfetaminas alteran a las arañas y reducen el miedo de los pilotos suicidas, sabemos que alcanzan el sistema nervioso con suma facilidad, sabemos que liberan dopamina, norepinefrina y serotonina, sabemos que nos generan una sensación de euforia, de energía, que nos producen alucinaciones y delirios, y sabemos que nos quitan el sueño y el hambre. Lo que todavía no sabemos es si las arañas sospechan el origen de su locura.

LA SINRAZÓN DE PI

Por Francisco Vega

Pi debe ser el único número matemático que la mayoría de la gente es capaz de recordar. Pi es la razón que existe entre la longitud de una circunferencia y su diámetro.

$$\mathbf{L = \pi \varnothing}$$

Aunque estamos más acostumbrados a expresar esa razón en función del radio de la circunferencia.

$$\mathbf{L = 2 \pi r}$$

Muchísima gente sería capaz de recitar el valor de Pi con sus primeros seis decimales: 3,141592. O redondeándolo un poco: 3,1416. Acabo de darme cuenta de que eso de redondear Pi parece un juego de palabras. Tenemos el valor de Pi, lo multiplicamos por un diámetro y tenemos el valor de la longitud de la circunferencia que corresponde a ese diámetro. Hemos «redondeado» Pi.

Bueno, creo que me estoy desviando un poco del asunto, he empezado diciendo que Pi es una razón y yo estoy diciendo cosas poco razonables. El pasado 14 de marzo de este año, 2017, se celebró en España el Piday, con ePicentro en la ciudad de Sevilla. ¿Que qué es el Piday? Pues un invento de los anglosajones, que son unos cachondos ellos. Sí, sí, mucha flema británica y lo que tú quieras, pero un tipo se queda mirando el calendario y dice: «Pero si el 3/14/15 es el santo de Pi». Sí, porque Pi debe de ser un santo, porque lo meten en todas las fórmulas que al personal se le ocurren. Sí, en todas, o en casi todas, no solo en las que tienen que ver con la redondez como la longitud de la circunferencia o su prima la superficie del círculo:

$$\mathbf{A = \pi r^2}$$

Bueno... en algunas fórmulas. Os voy a copiar unas muy divertidas que he encontrado en internet, sí, otro santo: San Google, patrón de las dudas existenciales, que ilumina a los ignorantes y ofusca a los que ya sabían algo.

— La probabilidad de que dos enteros positivos escogidos al azar sean primos entre sí es: $6/\pi^2$.
— Si se eligen al azar dos números positivos menores que 1, la probabilidad de que junto con el número 1 puedan ser los lados de un triángulo obtusángulo es: $(\pi-2)/4$.
— El número medio de formas de escribir un entero positivo como suma de dos cuadrados perfectos es $\pi/4$ (el orden es relevante).
— Aguja de Buffon: si lanzamos al azar una aguja de longitud L sobre una superficie en la que hay dibujadas líneas paralelas separadas una distancia D, la probabilidad de que la aguja corte a una línea es: $2L/D\pi$.

Fijaos en la última, porque no tiene desperdicio. Buffon, que debía de ser un tipo superdivertido, está en la playa; como hay bandera roja no puede meterse en el agua y chapotear un poco, así que coge una aguja que lleva casualmente en el bañador para pincharle el colchón hinchable a todo el que pille y se dedica a trazar líneas paralelas en la arena; cuando acaba, como sigue aburriéndose, se dedica a tirar la agujita sobre las líneas que ha trazado. La aguja unas veces cae entre dos líneas y otras cae atravesada sobre alguna línea. El tipo va contando cuántas veces pasa cada caso y calcula que:

> Si lanzamos al azar una aguja de longitud L sobre una superficie en la que hay dibujadas líneas paralelas separadas una distancia D, la probabilidad de que la aguja corte a una línea es: $2L/D\pi$.

Vamos, lo normal de un día de playa aburrido. Otra vez se me está yendo la pinza. Por cierto, mis respetos al señor Buffon, que estoy yo aquí mofándome de él para que Pi resulte algo más ameno.

Yo os estaba hablando de por qué el 3/14/15 se celebró el primer Piday y por qué se le ocurrió a un anglosajón. Porque resulta que los anglosajones ponen primero el mes y después el día cuando escriben la fecha. Sí, que a algunos de vosotros ya les babeaba el colmillo escribiendo un comentario para decirme que no existe el mes 14, que me he equivocado al poner la fecha. Pues no, es que los anglosajones son así. Sí, además de conducir al revés.

Pues eso, 3/14/15. Catorce de marzo de 2015, es el día de Pi, ¡Vamos a celebrarlo! ¿Y al año siguiente? 3/14/16. Perfecto, catorce de marzo de 2016, Pi redondeado. ¿Y el siguiente? Bueno, aquí nos fijamos solo en el mes y el día y decimos que Pi es 3,14. Aunque para los amantes de la numerología podemos decir que en 3/14/17 el año es la suma del mes y el día, 17 = 3 + 14. Y además 17 es primo, el séptimo número primo. ¡Oh! ¡Séptimo! ¡El siete! La semana tiene siete días y estamos hablando de días. ¡OH! Que además el siete coincide con la segunda cifra del año y la mitad del día. Y si al día le restas el mes tienes otro número primo, el 11. No os emocionéis, la numerología es que es así, todo se puede justificar.

Total que podemos buscar los motivos que queramos para celebrar Pi cuando nos venga en gana, es cuestión de acudir a la razón o a la numerología. Lo que yo me pregunto es qué tendría de especial el 2 de marzo para Edwin J. Goodwin cuando, creyendo que había descubierto una forma correcta de cuadrar el círculo, afirmó que: «La relación entre el diámetro y la circunferencia es cuatro a cinco cuartos». Vamos que $\pi = 3{,}2$.

No me diréis que el tío no era desahogado: le ponemos 3,2, para qué nos vamos a complicar con decimales.

La historia es bastante conocida, pero aun así os la voy a contar, porque nos da una idea de lo que puede ocurrir cuando se pretende legislar en contra de la lógica, de la razón, sin documentarse mínimamente, cuando nos dejamos guiar por iluminados o por dirigentes que no consultan a especialistas sobre los temas en los que tienen que decidir. Cuando en definitiva, en lugar de apoyarnos en las evidencias científicas, repetimos como un mantra una afirmación hecha a la ligera que en algunas ocasiones es una equivocación basada en la ignorancia y en otras, una mentira oportunista.

Indiana, 1897

Edwin J. Goodwin, médico y matemático aficionado cree haber descubierto una forma de cuadrar el círculo. En lugar de documentarse un poco y de esa manera enterarse de que quince años antes, en 1882, Ferdinand Von Lindemann había demostrado la imposibilidad de cuadrar el círculo con regla y compás, Goodwin se envalentona y le propone a Robert I. Taylor, representante por Indiana en la Asamblea Legislativa, presentar un proyecto de ley que llevaba por título:

«Un proyecto de ley que presenta una nueva verdad matemática y que es ofrecido como una contribución a la educación que solo podrá ser utilizado por el Estado de Indiana en forma gratuita sin necesidad de pagar ningún tipo de royalties, siempre y cuando sea aceptado y adoptado en forma oficial por la legislatura en 1897».

El proyecto de ley llevaba por número el 246. Aquí, los amantes de la numerología verán un mensaje oculto: 2, 4, 6, números pares consecutivos, que en nada tienen que ver con Pi, pero que no os preocupéis, es cuestión de retorcer o simplificar los argumentos, que en eso Goodwin, el «genio» que nos ocupa, también era un maestro.

A lo que íbamos. Taylor presenta el proyecto de ley, al que se le da el nombre de «El proyecto de ley de Pi». En el texto no se menciona de forma explícita el número Pi, pero de forma indirecta Goodwin establece que Pi tiene un valor de 3,2. Como hemos dicho antes, lo de los decimales es una lata, así que hacemos un buen redondeo, aunque esté mal hecho, y aquí paz y luego Pi = 3,2.

El texto de la ley era un conjunto de fantasías matemáticas, loas a los méritos de Goodwin y un peligro para los futuros estudiantes y ciudadanos de Indiana.

De la casa de representantes de Indiana, el proyecto de ley llegó al comité de educación que le dio una opinión favorable, volvió a la casa de representantes y fue aprobado por unanimidad. Imaginaos las sonrisas de satisfacción, las palmadas en la espalda, «¡hemos cuadrado el círculo, señores!».

Pues en esas estamos cuando un matemático se cruzó en el camino de los habitantes de Indiana. Un matemático de verdad, no un diletante como lo era el señor Goodwin.

Clarence Abiathar Waldo, profesor de la Universidad de Purdue, pasaba por allí para gestionar el presupuesto para la Academia de Ciencia de Indiana. Uno de los representantes le dio una copia del texto de la ley y se ofreció para presentarle a la eminencia que había encontrado la cuadratura del círculo. ¡Sí, un hijo de Indiana! El profesor Waldo rechazó la invitación con la famosa frase «Ya conozco tantos locos como soy capaz de soportar». Se ve que en tiempos del profesor Waldo no existían los *reality shows*, el profesor Waldo se hubiera quedado sorprendido de la cantidad de locos que el ser humano es capaz de soportar.

La cuestión es que la ley no se había terminado de aprobar, aún faltaba que otro comité le diera el visto bueno, ¡bendita burocracia! Y el profesor Waldo consiguió convencer a un número suficiente de representantes para que postergaran el proyecto de forma indefinida.

Pero ahora me surge una duda, ese proyecto de ley ¿estará derogado o solo pospuesto? Porque igual que con el acuerdo sobre el cambio climático, o con la efectividad de las vacunas, el actual inquilino de la Casa Blanca puede que decida que Goodwin era un lumbreras, que Lindemann era un torpe arrogante que no supo cuadrar el círculo con regla y compás y que por eso dijo que había demostrado que era imposible y que Waldo era un cientificucho que no veía las posibilidades de crear empleo si se legislaba que Pi es igual a 3,2. Igual le da por aprobar la ley, y entonces surgirá una legión de creyentes en Pi = 3,2 y ahora ve a convencerlos de que no, que Pi = 3,141592... que es un número irracional, ¡IRRACIONAL! «¿Si es irracional cómo va a ser verdad que tiene ese valor?», dirán ellos retorciendo la lógica y utilizando el significado de las palabras como mejor les convenga.

Como decía al principio, Pi es la razón que hay entre la longitud de una circunferencia y su diámetro. Pero siempre hay alguien dispuesto a tomar atajos en la ciencia y a dar por bueno algo sin más argumentos que sus propias afirmaciones. Y eso, eso es una sinrazón.

DE LA GENÉTICA A LA CONDUCTA... Y VICEVERSA

Por Alfonso Amado

Mis primeros contactos con la genética fueron a una edad muy temprana. Fue una mañana de Domingo, antes de ir a misa. Mi abuela abrió el portal y una luz brillante inundó todo. Oí trece estornudos. No doce. No catorce. Trece. Mientras mi abuela se recuperaba de ese torbellino de estornudos, yo miraba con perplejidad a mi madre, que contemplaba la escena con tranquilidad y una media sonrisa. «Le pasa siempre que le da el sol», dijo. Nada más salir a la calle, volví a oír trece estornudos. No doce. No catorce. No era mi abuela, era mi hermana de dos años. Carcajadas generalizadas. Todos menos yo. ¿Cómo era posible que mi hermana de dos años y mi abuela de setenta estornudasen trece veces al darles la luz del sol en la cara?

La respuesta la recibí mucho más tarde, durante una clase de Derecho Médico impartida por el doctor Ángel Carracedo en la Facultad de Derecho de la Universidad de Santiago de Compostela. Sí, yo estudié Medicina, pero me colaba en sus clases en la Facultad de Derecho. Me fascinaba la genética. En ese momento estaba hablando de limitaciones médicas que impedían ejercer determinadas profesiones. «Por ejemplo, si sufres el *Autosomal Dominant Compelling Helio-Ophthalmic Outburst Syndrome (ACHOO)*, estornudas al darte la luz en la cara». «El acrónimo es real: ACHOO», dijo provocando las risas de los alumnos. «Te incapacita para pilotar cazas», prosigió. «No parece seguro estornudar muchas veces mientras pilotas un caza». Más risas.

«Concretamente trece veces», dije pensando en alto.

A lo largo de mi aprendizaje en el mundo de la medicina comencé a interesarme por las neurociencias, y siempre me hacía la misma pregunta: ¿si está genéticamente predeterminado que alguien estornude trece veces... cómo no va a estar también predeterminada nuestra conducta?

Una de las preguntas que me empecé a plantear en mi época de estudiante y de residente, y que me hizo decantarme por la neuropediatría fue: ¿la conducta es heredable?

Definir lo que es conducta es complejo. Es necesario entender la conducta en sentido amplio, no únicamente la parte observable. Partiendo de esta concepción amplia, es muy difícil decir si se hereda o no se hereda. No está tan claro. Muchos de los rasgos de la conducta que estamos estudiando son multifactoriales, es decir, hay múltiples factores que se relacionan con estos rasgos. Hay genes que explican ciertos aspectos de la conducta, como la inteligencia, pero son genes en plural, y además de ser varios, interactúan entre ellos; y también está el ambiente. Es complicado. Cuando se estudian cosas tan complejas como la inteligencia o la conducta nunca podemos partir de modelos unifactoriales.

No cabe duda de que en la investigación entre los genes y la conducta humana, se descifrarán muchos enigmas sobre el comportamiento humano.

Inicialmente estos fenotipos conductuales se entendían a través del modelo «gen-cerebro-conducta». Si yo tengo un gen estropeado cuyas proteínas que codifica se expresan en el cerebro, esto alterará mi fenotipo conductual. Un ejemplo más claro: síndrome de X frágil. Tenemos una alteración, en este caso en una zona de un cromosoma X, que se encarga de traducir una proteína (FMRP) que se expresa con enorme intensidad en las terminaciones nerviosas. Relación de esta proteína con una conducta: posible afectación de la capacidad intelectual, sintomatología autística y ansiedad social. Es decir, un fenotipo conductual específico. Pero nuestros patrones de conducta son mucho, mucho más complejos como para poder reducirlos a un gen.

Actualmente estamos asistiendo a la era de las neurociencias. Gran parte de este interés surge a través del estudio de los Trastornos del Neurodesarrollo (TND). Las cifras de prevalencia de Trastornos del Espectro Autista (uno de los TND más estudiados) son espeluznantes. Cada año que pasa las cifras se engrandecen más, situándose actualmente en 1/78 niños en edad escolar. ¿Qué está pasando?

Aceptamos que nuestro cerebro ha ido mejorando a lo largo de la historia, a través de la selección natural, para adaptarse lo mejor posible al medio. Esto podía ser útil en un entorno ancestral que era muy distinto al panorama actual. Nuestro concepto actual de normalidad es contextual y mediatizado por el modelo social implícito. Muchas conductas valoradas ahora como «disfuncionales» podían ser muy útiles para la supervivencia de nuestros ancestros. El miedo a la oscuridad, a las serpientes o a las arañas ahora se considera inútil, pero pudo haber sido una ventaja para no sucumbir a los problemas reales del entorno en un medio hóstil.

Esto podría aplicarse a enfermedades muy prevalentes en el momento actual y más «tangibles» como, por ejemplo, la obesidad. El hecho de preservar la grasa corporal durante períodos históricos de carencias alimentarias suponía una ventaja evolutiva, pero en la época actual deriva en un problema de salud. Nadie duda de que la obesidad es un problema de salud grave y de magnitud planetaria. Nadie duda en la utilización de fármacos para el tratamiento de la obesidad, nadie plantea que una cirugía de obesidad pueda ser una aberración, sino más bien todo lo contrario. Pero en algún momento se trató de una ventaja evolutiva filogenética.

Nuestro *software* se configura a partir de la información que marcan los genes codificados en el genotipo. Sin embargo, nuestra vida sedentaria, mecanizada y llena de abundancia, muy poco tiene que ver con la vida itinerante y rudimentaria de nuestros antepasados dedicados a la caza y la recolección. La vertiginosa evolución que el ser humano ha experimentado en apenas cinco mil años ha propiciado que las adaptaciones genéticas producidas lentamente durante miles de años ya no sean útiles e incluso resulten contraproducentes para el hombre moderno. Por todo ello, podríamos afirmar que nuestro *software* se ha quedado obsoleto.

En la última década, una vez abierta la puerta del conocimiento del genoma humano, podría parecernos inevitable acabar desarrollando aquellas enfermedades a las que genéticamente estamos predispuestos. Sin embargo, no todos los individuos genéticamente susceptibles acaban desarrollando la enfermedad, ni lo hacen de igual manera. Por lo tanto, surge una nueva cuestión: ¿podríamos cambiar el curso de nuestros «acontecimientos genéticos»?

Pero antes de llegar a la genética, tenemos que ver como clasificamos esas conductas que consideramos disfuncionales. Tenemos que encontrar esos trece estornudos.

De cara a la investigación, no hay duda de que seleccionar grupos de pacientes con las mismas características resulta útil, definiendo cada trastorno como un conjunto de síntomas. Así llegamos al *DSM* (*Manual diagnóstico y estadístico de los trastornos mentales*). A pesar de que esta forma de clasificar conductas ha proporcionado grandes avances, ha fracasado por el momento en el abordaje del origen de los trastornos mentales.

Problemas que nos encontramos con el *DSM*:

— El carácter categórico atribuido a los trastornos mentales: a veces vemos «casos subumbral» (mayoritarios, por otra parte) en donde las manifestaciones están presentes en grado leve, dudosamente disfuncional. En las consultas de neuropediatría y psiquiatría infantil se ven gran cantidad de casos subumbrales y la constatación de fenotipos ampliados en familiares de pacientes. «Su hijo tiene rasgos Asperger», dicho en alto. «Y usted también», dicho para uno mismo. Ese padre ha tenido su forma de comportarse «peculiar» que probablemente su hijo ha heredado, pero aparentemente no le ha ocasionado graves problemas (tiene un trabajo, una mujer, un hijo...).

— La elevadísima comorbilidad: es tan común que se detecta en prácticamente todos los TND. Ejemplo: a un mismo paciente se le diagnostica de síndrome de Gilles de la Tourette, trastorno por déficit de atención con hiperactividad, trastorno obsesivo compulsivo, trastorno ansioso depresivo... ¿son cuatro diagnósticos distintos?

De esta manera se generan falsas dicotomías: enfermo / sano, autista / no autista, que no se ajustan a la realidad clínica diaria.

¿Cuál sería la respuesta? Los avances genéticos que nos puedan llevar a un cambio radical de modelo.

Inferimos que los TND comparten genes, mecanismos moleculares y vías involucradas en el neurodesarrollo.

Hemos dicho que existen genes que codifican proteínas cuya acción a nivel molecular controla influencias muy específicas (estornudar cuando te da la luz) o muy generalistas (memoria, conciencia, cognición, emociones, conducta...).

También hemos dicho que la mayoría de las enfermedades neuropediátricas no siguen el modelo «un gen para cada enfermedad». Esto no es exclusivo de los trastornos mentales, si no de otras enfermedades más «biológicas» como pueden ser la diabetes, hipertensión arterial o cáncer, que tampoco se explican mediante el modelo de un gen para cada enfermedad.

Pero el avance de la genética en el campo de las neurociencias es imparable. En un artículo publicado en la prestigiosa revista *The Lancet* en 2013, se demostraba que el autismo, el trastorno por déficit de atención con hiperactividad (TDAH), la depresión mayor, el trastorno bipolar y la esquizofrenia podrían tener factores de riesgo genéticos comunes. En este estudio se mostraba por primera vez que hay variantes genéticas específicas que influyen en una serie de trastornos psiquiátricos / neuropediátricos que aparecen en la infancia y en la edad adulta, los cuales se consideran distintos desde un punto de vista clínico. También se observaba un solapamiento significativo entre los componentes genéticos de varios trastornos, sobre todo los de la esquizofrenia con los del trastorno bipolar y la depresión, y en menor medida, los del autismo con los de la esquizofrenia y el trastorno bipolar.

Para observar estos marcadores comunes (polimorfismos de un solo nucleótido) que pueden constituir factores de riesgo de los cinco trastornos mencionados, se evaluaron los genes de 33.332 afectados y 27.888 controles sanos. Los investigadores hallaron cuatro áreas genéticas (cromosomas 3p21 y 10q24 y subunidades del canal del calcio CACNA1C y CACNB2) que se solapaban en los cinco trastornos, dos de las cuales regulan el equilibrio del calcio en el cerebro. Un análisis en profundidad reveló que los genes que gobiernan la actividad del canal del calcio en el cerebro también podrían tener su importancia en el desarrollo de los cinco trastornos, incluyendo el autismo y el TDAH.

Problema: ¿qué es normal y qué no es normal? Usted y yo compartimos el 99 % de nuestros genes. ¿En qué debemos fijarnos cuando encontramos este tipo de variantes genéticas?

1) Magnitud del efecto (alta o baja): en ocasiones (herencia mendeliana) la presencia de una mutación es condición necesaria

y suficiente para padecer la enfermedad, en otras ocasiones se requiere la concurrencia de varios genes.

2) Tamaño de la variante (grande o pequeño): cuantos más genes estén incluidos en defecto o exceso, más posibilidades tendrán de causar problemas.
3) Variante frecuente / variante rara: el 90 % de las variantes no tiene un papel relevante. Algunos TND pueden tener poca influencia en la eficiencia reproductiva, como por ejemplo el síndrome de Asperger; en otras ocasiones pueden ser incluso facilitadores, como por ejemplo, el TDAH, con conductas de impulsividad y promiscuidad.

¿Todo es genética? No, aún no estamos considerando las interacciones entre el gen y el entorno. La influencia del entorno en los genes (epigenética) se define como aquellos factores modificadores externos que intervienen decisivamente en la expresión de los genes sin variar la secuencia de ADN. Existe una influencia ambiental que actúa como modulador de la expresividad de los genes.

Numerosos estudios recientes analizan cómo ciertos factores externos al hombre, entre ellos la nutrición, podrían «reprogramar» nuestro *software* genético. De ser así, ¿qué papel tendrían estos estímulos externos en el notable incremento de los TND en las últimas décadas? ¿Podrían precipitar o agravar un TND? Y si así fuera, ¿existe un período ventana en el que tenemos la oportunidad de cambiar nuestra salud a corto, medio y largo plazo?

Estamos en julio del 2017. Mis padres se han comprado una casa en el campo, ahora que ambos se han (los han) jubilado. Este fin de semana nos hemos reunido toda la familia. Mi abuela tiene 99 años. Mi hermana, 31. «¿Comemos en la terraza? Hace un día espléndido», dice mi padre. «Típico sol de domingo de verano», pienso yo. Salimos todos al patio para montar la mesa. Yo voy delante con los platos, el resto me siguen. Sonrío tímidamente sin darme la vuelta al cruzar el umbral de la puerta. Sé lo que va a pasar. «Los trece estornudos». Espero pacientemente a que empiece el espectáculo. No oigo nada. Me giro con extrañeza.

Mi abuela se ha puesto unas gafas de sol *king-size* antes de salir.

Mi hermana, sus inseparables Ray Ban Wayfarer.

«Eso se llama epigenética», susurro a mi hija Ana de doce meses. Ana me mira desde su trona, sonríe... antes de empezar a estornudar. No doce veces. No catorce. Trece.

Bibliografía

American Psychiatric Association (2014). DSM-5. *Manual diagnóstico y estadístico de los trastornos mentales.* Editorial Médica Panamericana.

Artigas-Pallarés J., Paula-Pérez I. (2015). «Unresolved issues in the DSM-5». *Rev Neurol.* 25;60 Suppl 1:S95-101. PubMed PMID: 25726831.

Cross-Disorder Group of the Psychiatric Genomics Consortium (2013). «Identification of risk loci with shared effects on five major psychiatric disorders: a genome-wide analysis». *The Lancet.* Apr 20;381(9875):1371-9. doi: 10.1016/S0140-6736-(12)62129-1. Epub 2013 Feb 28. Erratum in: Lancet. 2013 Apr 20;381(9875):1360. PubMed PMID: 23453885; PubMed Central PMCID: PMC3714010.

Díaz-Anzaldúa A., Díaz-Martínez A. (2013). «Genetic, environmental, and epigenetic contribution to the susceptibility to autism spectrum disorders». *Rev Neurol.* Dec 16;57(12):556-68. Review. Spanish. PubMed PMID: 24288105.

García-Moreno, J. M. (2006). «Photic sneeze reflex or autosomal dominant compelling5 helio-ophthalmic outburst syndrome». *Neurologia* 21(1):26-33. PubMed PMID: 16525923

ASTRONAUTAS SUBTERRÁNEAS

Por José Luis Moreno

Los humanos somos una especie curiosa y, quizás, la curiosidad sea la cualidad que más ha influido en nuestro progreso. Uno de los momentos más impactantes para un niño es sin duda aquel en el que eleva la vista hacia el cielo una noche cerrada y se fija en la inmensidad de puntos luminosos que brillan y parpadean. Cuando le explicamos qué son las estrellas, los planetas, cómo giran en un baile eterno y lo lejos que están de nosotros, casi puedes ver cómo se enciende una chispa en su cabeza. «Literalmente, estás mirando al pasado», le cuentas mientras ves sus ojos abiertos como platos.

La exploración espacial ha llevado al ser humano a superar sus propios límites. Día a día asistimos a nuevos avances, y el deseo —cada vez más apremiante— de llegar a otros planetas provoca emoción e interés generalizado. Pero no solo estamos empeñados en descubrir los misterios del universo. Nuestra necesidad de entender el mundo que nos rodea, de saber quiénes somos y de dónde venimos está grabada a fuego en nuestro código genético. Esta necesidad de encontrar respuestas a las preguntas que nos hacemos desde tiempos inmemoriales también nos ha hecho superar nuestros límites. Ahora sabemos que podemos escudriñar el pasado —nuestro pasado como especie— excavando para encontrar los restos de nuestros antecesores.

Y es que hay astronautas que no trabajan a 400 kilómetros de altura, sino que lo hacen en las profundidades de la Tierra. Hay mujeres que, en un acto tan heroico como emocionante, han llegado a poner en riesgo sus vidas para comprender de dónde venimos. Hablamos, en definitiva, de un grupo de científicas que han sido pioneras: las primeras «astronautas subterráneas».

El principio de nuestra historia comienza la mañana del 6 de octubre de 2013, cuando los seguidores de la red social Facebook se despertaron con una extraña petición. En un remedo moderno del anuncio que muchos afirman publicó Ernest Shackleton en *The Times* para buscar la tripulación del Endurance (por cierto, un mito), Lee Berger, paleoantropólogo de la Universidad de Witwatersrand en Sudáfrica, lanzó su particular caza de talentos a través de internet. A grandes rasgos, Berger buscaba científicos delgados y preferiblemente pequeños: no podían ser claustrofóbicos, debían estar en forma y tener alguna experiencia en espeleología (la habilidad para la escalada sería una ventaja).

El anuncio no especificaba cuál era el objetivo de la expedición, pero sí dejaba claro que quienes participaran no recibirían una contraprestación económica (más allá de disponer de un billete de avión, alojamiento y manutención durante el mes que se estimaba que iba a durar el proyecto). Otro detalle importante: los candidatos debían estar disponibles de inmediato, tenían que dejar lo que estuvieran haciendo en ese momento, preparar una maleta y coger un vuelo a Sudáfrica. Hoy sabemos que las prisas y la necesidad de unos especialistas con unos perfiles tan concretos estaban perfectamente justificadas.

La búsqueda de fósiles de nuestros antepasados ha sido una tarea, en gran medida, azarosa. La suerte —o casualidad— ha jugado un papel predominante en el descubrimiento de nuevos especímenes y yacimientos, aunque esta situación ha empezado a cambiar hace muy poco tiempo.

Lee Berger llevaba décadas tratando de poner de nuevo a Sudáfrica en el foco de atención y así «arrebatar» el interés que la comunidad científica mostraba por el este del continente; interés por otro lado perfectamente justificado dado el goteo incesante de especímenes que salían a la luz en esa región. Tras el descubrimiento en 2009 de un nuevo miembro de nuestro linaje, *Australopithecus sediba* en Malapa (Sudáfrica) consiguió en parte su objetivo, aunque también le quedó claro que era necesario llevar a cabo una exploración sistemática de los cientos de cuevas que existen en la «cuna de la humanidad», el conjunto de yacimientos declarados Patrimonio Mundial por la Unesco. La serendipia se puso de nuevo de su parte cuando Pedro Boshoff, espeleólogo y geólogo que había sido antiguo alumno suyo, llamó a la puerta de su despacho porque necesitaba su ayuda: había decidido cambiar la caza de diamantes por la de fósiles.

Berger no dejó pasar la oportunidad y aprovechó la experiencia de Boshoff en la búsqueda de yacimientos diamantíferos. Le pidió que escogiera un grupo de espeleólogos para explorar el sistema de cuevas de la región. Su objetivo era localizar yacimientos que contuvieran restos de nuestros antepasados. A pesar de que gran parte de esas cuevas eran perfectamente conocidas y habían sido cartografiadas —hay un buen número de clubes de espeleología por allí— no estaba de más echarles un nuevo vistazo.

Si hasta ahora la suerte había sonreído al paleoantropólogo, la situación no iba sino a mejorar. Boshoff se presentó sin previo aviso en su casa la noche del 1 de octubre de 2013 junto a un joven, Steven Tucker: estaban allí porque tenía que ver unas fotografías. Las habían tomado en una cueva del sistema *Rising Star*, una zona bien conocida, pero en una cámara que nadie había pisado antes. Bueno, nadie no, en realidad alguien lo había estado haciendo hace unos 200.000 años.

Al día siguiente de publicarse el anuncio en Facebook, Berger recibió una llamada de su secretaria, entre sorprendida y molesta, quejándose porque no dejaba de recibir correos electrónicos de mujeres ofreciendo sus medidas corporales. No entendía cómo su jefe, un hombre felizmente casado y con dos hijos, había decido registrarse en una página de citas por internet. En ese momento Berger supo que la búsqueda de candidatos había sido un éxito.

En diez días disponía de los currículos de casi sesenta personas, la gran mayoría mujeres jóvenes. No es de extrañar la abundancia de mujeres entre los aspirantes, ya que uno de los requisitos exigía disponer de un físico pequeño, pero también era indicativo de la situación cambiante en las carreras de arqueología y antropología: ahora la mayoría de estudiantes y jóvenes científicos son mujeres, un cambio —para bien— en una tendencia contraria largo tiempo arraigada.

El proceso de selección comenzó con una videollamada por Skype con los diez mejores candidatos y, tras sucesivas entrevistas, finalmente fueron escogidos ocho. Ellos fueron los primeros en conocer los detalles de la expedición: el objetivo era introducirse en una cueva y recuperar lo que parecía ser un único esqueleto de hominino. La tarea no iba a ser sencilla dada la terriblemente compleja configuración de la cueva y, además, había un riesgo real para la vida de los exploradores si las cosas se torcían: la ayuda del exterior no podría llegar con la suficiente rapidez si se producía un accidente. De hecho, había un punto del recorrido que tenía únicamente 18 centímetros de anchura. No era un buen lugar para sufrir una crisis de claustrofobia.

Seis candidatas pasaron todos los cortes y fueron seleccionadas para formar parte de la expedición *Rising Star*: Marina Elliot, Lindsay Eaves, Elen Feuerriegel, Alia Gurtov, Hannah Morris y Becca Peixotto (todas mujeres, aunque en la terna final hubo un candidato masculino que fue rechazado cuando reconoció que había mentido al dar sus dimensiones corporales. Ni siquiera la promesa de seguir una dieta estricta le consiguió el billete a Sudáfrica).

Marina Elliot estaba terminando su doctorado en antropología en la Universidad Simon Fraser de Canadá cuando partió hacia Sudáfrica. A su amplia experiencia como antropóloga forense (había trabajado en varios laboratorios de criminalística) se unía el haber colaborado en excavaciones arqueológicas en Canadá y Siberia. Poseía conocimientos en medicina y experiencia como guía de aventura, montañista y espeleóloga.

Lindsay Eaves era doctora en paleoantropología por la Universidad de Iowa. Había participado en numerosas excavaciones y era una reconocida divulgadora científica.

Elen Feuerriegel estaba en mitad de su doctorado en paleoantropología en la Universidad Nacional de Australia. Se había especializado en el estudio de la biomecánica del hombro y su relación con la fabricación de herramientas por nuestros antepasados. Además practicaba desde hacía muchos años montañismo y espeleología.

Alia Gurtov estaba terminando su doctorado en la Universidad Wisconsin-Madison. Estudiaba los efectos de la estacionalidad en la alimentación de los homininos de la garganta de Olduvai en Tanzania. Durante el proceso de entrevistas permaneció horas en una máquina de escáner para estar segura de que podría trabajar en espacios reducidos sin sufrir claustrofobia.

Hannah Morris era arqueóloga en la Universidad de Georgia (EE UU). Había realizado investigaciones arqueológicas por todo el mundo: México, Alaska, Nueva York, etc., y poseía además experiencia en espeleología y actividades al aire libre.

Becca Peixotto también era arqueóloga y estaba realizando un doctorado en la Universidad Americana de Washington, D. C. Contaba con amplia experiencia de campo, además de ser una excelente escaladora e instructora de actividades extremas en alta montaña y el desierto.

El trabajo que tenían por delante no era sencillo. Por eso es realmente frustrante —y profundamente injusto— leer algunas reseñas de la expedición que se han publicado desde entonces. La mayoría mencionan que las seis científicas eran mujeres, haciendo hincapié en su reducido tamaño corporal como motivo de su elección. Es obvio que eran mujeres, pero unas mujeres realmente excepcionales. ¿Cuántos hombres poseen una complexión delgada? Millones. ¿Cuántos de ellos reunían el conjunto de cualidades necesarias para el trabajo —tanto académicas como de otro tipo— que sí poseían estas seis excepcionales científicas? Está claro que ninguno. Las astronautas subterráneas han pasado a los libros de historia por derecho propio, no solo por ser mujeres.

En este sentido, muchos se han preguntado si la recuperación de estos fósiles era tan complicada o se trataba de un efecto publicitario para hacer más atractiva la «aventura». De forma rutinaria se llevan a cabo excavaciones en todo el mundo que no requieren unas medidas de seguridad excepcionales. ¿Qué hacía diferente la situación de *Rising Star*?

En primer lugar, se trata de una cueva natural excavada por el agua durante miles de años. El hecho de encontrarse a poca profundidad supone que las raíces de los árboles forman parte de las paredes y el techo, lo que implica un serio riesgo de desprendimientos en cualquier momento.

Una vez dentro de la cueva descendemos por una pendiente muy resbaladiza que exige mucha atención para evitar caídas. La primera complicación real llega cuando, tras recorrer unos metros, vemos una pequeña oquedad en una pared: el «pasadizo de Superman». El nombre nos recuerda la imagen de Christopher Reeve enfundado en su traje de licra con su capa al viento y el brazo extendido. Pues bien, esa es exactamente la situación (excepto por lo de llevar capa). Este pasadizo tiene siete metros de longitud y una altura inferior a 25 centímetros, de ahí que para atravesarlo sea necesario tumbarse en el suelo boca abajo, mantener un brazo pegado al cuerpo y el otro estirado hacia adelante. Puede parecer sencillo, pero hay que recordar que no hay más luz que la que lleva cada persona en su casco y que apenas se puede levantar la cabeza. Recorrer de esta forma centímetro a centímetro los siete metros es una tortura.

Acto seguido llegamos a una amplia cámara con una pared vertical. Estamos ante la «espalda del dragón», una escarpada pared repleta de protuberancias y picos afilados. Sus 20 metros de altura obligan a ascender armados con un sistema de cuerdas y una buena dosis de paciencia —además, cada posible punto de apoyo es resbaladizo—. ¿Recordáis que los conocimientos de escalada eran un punto a favor?

Una vez arriba encontramos una oquedad adornada con estalactitas de gran belleza. Es el último descanso antes de afrontar el reto final, una grieta que se abre en el suelo. Al descender nos introducimos en un estrecho conducto completamente vertical que en algunos puntos no mide más de 18 centímetros de ancho y que tiene 15 metros de largo (si Tucker y Hunter —los espeleólogos que realizaron el descubrimiento— no hubieran sido tan delgados, no habrían podido pasar y el hallazgo de los fósiles no se habría producido, ¿suerte otra vez?).

Tras el descenso por el pozo se llega finalmente a otra cámara —la «zona de aterrizaje»— con una colada estalagmítica blanca en una esquina. Un pasadizo lleva a otra cavidad más grande, de unos nueve metros de largo por un metro de ancho, cuyo suelo estaba literalmente tapizado con fósiles de hominino. Se trata de la cámara *Dinaledi.*

La misión ahora era extraer los fósiles de forma minuciosa. Tras la llegada del equipo a *Rising Star*, se iniciaron los trabajos para instalar el campamento. Se tendieron más de tres kilómetros de cables eléctricos y de comunicaciones; se colocaron cámaras a lo largo del recorrido y se instaló un centro de mando en la superficie desde donde Berger y el resto del equipo seguirían los trabajos y darían instrucciones a las astronautas.

Marina Elliott fue la primera científica que bajó por el pozo y encabezó el primer turno de trabajo junto con Becca Peixotto y Hannah Morris. Una posible contaminación por dióxido de carbono, la duración de las baterías de los instrumentos y lo exigente del trabajo limitaban la estancia de cada equipo en la cámara a un par de horas. Se utilizó un escáner en 3D para marcar la localización exacta de cada fósil y se fueron retirando uno a uno con meticulosa lentitud. Es de destacar que todos los especímenes recuperados se recogieron en un trozo de suelo de un metro cuadrado de superficie y unos 20 centímetros de profundidad. El resto se dejó en el estado en que se había encontrado para permitir futuros estudios con nueva tecnología. Aun así, con el trabajo de tres semanas tenían material suficiente para estudiar la nueva especie —ya era evidente que estaban ante un nuevo miembro de nuestro linaje— durante décadas. Así nació para la ciencia *Homo naledi*.

Y ahora, el yacimiento en números:

— 200.000, la antigüedad en años estimada para los fósiles de *Homo naledi*.
— 1550, el número total de huesos y fragmentos recuperados.
— 500, el tamaño aproximado en centímetros cúbicos del cerebro de *Homo naledi*.
— 150, el número total de huesos de la mano.
— 100, el número total de huesos del pie.
— 90, la distancia en metros desde la entrada de la cueva a la cámara *Dinaledi* que albergaba los fósiles.
— 60, el número de personas que han intervenido en la expedición para recuperar los fósiles.
— 45, el peso estimado en kilogramos de *Homo naledi*.
— 30, los minutos que se tarda en llegar a la cámara *Dinaledi* desde que se entra en la cueva.
— 21, los días que duró la expedición.
— 18, la anchura en centímetros de la entrada de la cámara.
— 15, el número mínimo de individuos que están representados en el conjunto de fósiles recuperados.
— 8, el número de niños de varias edades representados.
— 6, el número de mujeres elegidas para ser las «astronautas subterráneas».
— 5, el número de individuos adultos entre los restos fósiles.
— 2, los espeleólogos que hicieron el descubrimiento: Rick Hunter y Steven Tucker.

— 1,5, la altura media de *Homo naledi* en metros.
— 0, el número de restos de otros animales hallados en la cámara *Dinaledi*.

Esta ausencia de fauna entre los restos conlleva una posibilidad enormemente llamativa: ¿estamos ante el primer cementerio?

SAPONIFICACIÓN

Francisco Vega

La primera vez que oí el término saponificación, la imaginación me jugó una mala pasada.

Saponificación: Acción y efecto por el que el príncipe del cuento se convierte en sapo.

¿Habéis jugado alguna vez a ese juego? Se toma una palabra del diccionario y hay que intentar adivinar el significado, o inventar uno creíble para el resto de jugadores. Pues eso hice yo, inventarle un significado a la palabreja.

La segunda vez que la oí ya sabía de qué iba. Era una noticia sobre la Segunda Guerra Mundial: judios, nazis, ácidos grasos, jabón... No era una historia agradable.

La tercera vez fue también por una noticia, también ambientada en una guerra, la Guerra Civil Española. Una noticia relacionada con una clasificación mundial en la que España tiene el dudoso honor de ocupar el segundo puesto: el número de desaparecidos por un conflicto armado. Solo nos supera Camboya. Pero hay que reconocer que es francamente difícil superar el horror que supuso el régimen de los jemeres rojos.

Saponificación, ¡vaya palabreja! La noticia en la que está inspirada este relato está al final de este artículo; bueno, está el link. Veréis que hay cosas casi calcadas y otras que son producto de mi imaginación. Aunque eso no ha sido difícil, en todas las guerras hay historias de amor y de odio, hay poetas y asesinos, mujeres usadas como campo de batalla, hay momentos trágicos y heroicos y momentos vergonzosos.

Y también hay ciencia, porque la ciencia nos rodea por todas partes y en la inmensa mayoría de los casos nos facilita la vida y desenmascara a los miserables.

* * *

El teléfono comenzó a sonar. No un teléfono de mesita de noche, de esos antiguos que te mantenían en la incógnita de quién sería el que llamaba hasta que oías su voz al otro lado. No, un teléfono móvil. Lo cogió a tientas y se sentó en la cama, sabía quién era sin necesidad de mirar la pantalla.

—¡Juliette! Tienes que venir, no te imaginas lo que hemos encontrado.

—De acuerdo —contestó ella—. Tardaré unas tres horas.

Pablo se había levantado de la cama al oírla decir que iba a salir de viaje.

Juliette se metió en la ducha. Cuando salió, secándose el pelo, el olor a café recién hecho llegaba desde la planta baja.

El olor del café recién hecho cuando aún era de madrugada le recordaba su infancia. Su padre había sido conductor de autobús, se levantaba a las cinco de la mañana, ponía la cafetera al fuego y, mientras se hacía el café, se aseaba en el baño.

Ella aparecía por la cocina con los libros de la escuela, su padre le hacía un gesto cariñoso que consistía en revolverle el pelo. Cuando él se marchaba a trabajar, ella se quedaba estudiando en la cocina, con el pelo revuelto, aquel maravilloso aroma a café flotando en la cocina y la sonrisa de su padre en la retina.

Entró en la cocina, vestida con ropa de campo y su bolsa impermeable con el portátil dentro. Una taza de café humeante reposaba sobre la mesa. Pablo bebía la suya apoyado en la encimera.

Juliette se tomó el café tranquilamente, en silencio, cuando acabó la taza se levantó y besó a Pablo. Él le alargó una pequeña mochila en la que había un termo con el resto del café y algo de comer.

—¿Tienes el impermeable y las botas en el coche? —Preguntó él.

—Sí —contestó ella con una sonrisa.

—Llámame cuando llegues; llueve mucho.

Condujo durante dos horas, hizo un pequeño descanso en una gasolinera. Cuando llegó, había amanecido. Bajo una carpa, varias personas se afanaban en una zanja excavada en la tierra.

Roberto la vio llegar y se acercó a ella con pasos enérgicos.

—¡No te imaginas lo que hemos encontrado! ¡Cerebros! ¡Cuarenta y dos cerebros y un corazón!

—¿Cómo es posible? —Preguntó ella.

—¡La lluvia! —Dijo él mirando hacia el cielo.

Llovía, llovía a mares, como siempre llovía en aquella tierra.

Delante de la zanja se alineaban doce personas, en los camiones aguardaban otros noventa seres humanos, casi todos hombres jóvenes. Ciento dos personas que iban a morir en unos instantes.

Estaban maniatados, con los pies libres para que pudieran caminar, pero la idea de huir era impensable; el terreno era un barrizal, a duras penas se podía caminar, correr era algo inimaginable. La única posibilidad era que la bala no te hiriera mortalmente y lograras sobrevivir hasta que alguien del pueblo te encontrara moribundo en aquella zanja.

No hubo supervivientes, ciento dos disparos en la nuca, a bocajarro, fulminantes. Un pequeño orificio en el cráneo y una caída en aquella zanja inundada. Por tandas, de doce en doce, amontonados unos sobre otros, y al final, una capa de tierra que lo cubrió todo, aislándolos de la vista, del aire de aquella tierra que justo unos minutos antes habían respirado.

Lucía era una mujer alegre, hermosa, inteligente, aquellas cualidades eran una condena en un pueblo pequeño, hacían que destacara y que cualquier poderoso se sintiera con derecho a poseerla. La verdad es que no era necesario tener cualidades sobresalientes para que estas fueran una condena. Lo único necesario en aquel entorno era ser mujer y despertar el interés de alguien con poder.

En el caso de Lucía, una circunstancia más hacía que aquello pareciera una tragedia griega: se había enamorado del poeta del pueblo, y él, de ella.

Una mujer hermosa e inteligente, un hombre culto, un pueblo pequeño, un hombre poderoso y miserable y una guerra que estaba a punto de llegar. Era la tormenta perfecta.

Cuando la guerra llegó, los dos enamorados formaron parte de aquel grupo de ciento dos personas asesinadas en una noche de lluvia, enterradas en una zanja inundada y desenterradas ochenta años después.

Es irónico que de aquella zanja que llenó el odio y la sinrazón lo único que perdurara fueran cuarenta cerebros y un corazón.

Serrulla F. *et al.*

* * *

Se entiende por saponificación la reacción química que se produce cuando se disocian las grasas en un medio alcalino separándose en glicerina y ácidos grasos.

Fue Fourcroy en el año 1789 y durante las excavaciones practicadas en el cementerio de los Inocentes de París, quien observó que algunos cuerpos se habían convertido en una masa blanda y pastosa con olor a cieno, a queso rancio y de textura comparable a la mantequilla. Fourcroy llamó adipocira a aquella sustancia por sus propiedades intermedias entre la grasa (adipo) y la cera (cira).

Distintos autores han estudiado el proceso de la saponificación. Tras la Segunda Guerra Mundial y debido a la inhumación masiva de cadáveres años después de su enterramiento en fosas comunes, el estudio de la saponificación sufrió un avance considerable.

Para que se dé la saponificación son necesarias unas determinadas condiciones ambientales. Que el cadáver haya estado sumergido en agua o inhumado en un suelo arcilloso húmedo. Que los cadáveres hayan sido enterrados en una fosa común, apilados, en cuyo caso los de las capas inferiores tendrán mayor grado de saponificación.

Las condiciones individuales del cadáver también influyen. Se da en mayor medida en cuerpos jóvenes. Algo más en mujeres que en hombres. También ciertas intoxicaciones, como por ejemplo el alcoholismo, favorecen la saponificación.

La adipocira es un proceso de conservación cadavérica que se da desde el exterior del cadáver hacia el interior, raramente afecta a los órganos internos, estos normalmente siguen su proceso de descomposición natural. En esto, la fosa de La Pedraja, en Burgos, es algo inusual: en ella en agosto de 2010 se encontraron cuarenta y cinco cerebros y un corazón saponificados.

En algunos casos, el aspecto que presentan los cadáveres saponificados es tan natural, tan incorruptible que esto ha dado lugar a la creencia de que estos cuerpos no se habían corrompido debido a un proceso sobrenatural.

Pero como decíamos al principio, la ciencia nos hace la vida más fácil, desenmascara a los miserables y embaucadores y nos ofrece explicaciones naturales para situaciones que a priori se nos antojan inexplicables, como el que ese corazón que Juliette sostenía emocionada entre sus manos haya llegado hasta nosotros. Un corazón apasionado, como el de su padre, como el de Pablo, como el de ella misma.

Bibliografía

Ansede, M. (2016). «El único corazón de la Guerra Civil». En: *Diario El País:* https://elpais.com/elpais/2016/08/25/ciencia/1472081511_650292.html

Serrulla Rech, F. *et al.* 2015. «Corazón conservado 70 años por saponificación». *Revista Española de Medicina Legal,* 41 (1): 43-4.

EL SEXO EN LAS PLANTAS O CÓMO TODOS GANAN GRACIAS A LA UTILIZACIÓN DE CEBOS

Por Daniel Barona Narváez

Cuando escuchamos la palabra sexo, automáticamente se nos viene a la mente lo que sucede entre dos personas en el lapso unos pocos minutos —a veces solo uno o dos minutos, o en los casos más abochornantes, unos pocos segundos— y en un entorno de intimidad. Pero si abrimos un poco más nuestro panorama, se nos puede venir a la mente quizás el cortejo y la cópula en diversas especies animales. Y es que el acto sexual —o más precisamente, la reproducción sexual— es algo que casi siempre asociamos con animales. En términos generales, cuando hablamos de sexo nos referimos, entre otras cosas, a las actividades relacionadas con el deseo sexual y a la reproducción entre dos o más individuos con el fin de generar descendencia con una cierta variabilidad genética. Si tomamos en consideración ambas cosas, el deseo sexual y la reproducción, entonces la definición de sexo que hemos utilizado sí que le calza bien a la mayoría de animales, incluidos a nosotros mismos, como quizás el lector sepa a la perfección. De todos modos, hay que decir que en diversas especies el sexo no reproductivo es mucho más frecuente de lo que la gente imagina —sin ir muy lejos, basta con recordar el comportamiento humano cotidiano o el de algunas especies domésticas como los perros, que lo usan también como medio de establecer y mantener jerarquías sociales—.

Pero ¿y qué hay de las plantas? ¿También tienen sexo? Y si lo tienen, ¿se podría decir que tienen deseo sexual? Para empezar a responder a estas preguntas, primero debemos saber que lo que conocemos como comportamiento —el conjunto de actividades y decisiones que realiza un organismo— es exclusivo de los animales, y que las plantas no muestran un comportamiento propiamente dicho. Esto por el sencillo motivo de que las plantas responden pasivamente frente a los estímulos externos, ya sea a través de movimientos sutiles o a través de cambios fisiológicos o bioquímicos. Sin embargo, la mayor parte de los animales, además de poseer respuestas bioquímicas o fisiológicas en función de estímulos externos como las plantas, también pueden tomar decisiones: huir, comer, dejar de comer, cortejar a un miembro del sexo opuesto, dormir, etc. Una vez establecida esta diferencia, ahora sí podremos responder a las preguntas formuladas líneas arriba. ¿Las plantas tienen sexo? A veces sí y a veces no: pueden reproducirse tanto asexualmente (generando clones, como cuando crece una nueva planta a partir de un bulbo de cebolla plantado en una maceta o en el jardín) como sexualmente (generando descendencia modificada que resulta tener una combinación particular de genes provenientes de dos plantas parentales). ¿Las plantas tienen deseo sexual? No, no tienen deseo sexual ni lo necesitan. Y esto por un sencillo motivo: en los animales, el deseo sexual resulta vital para que un macho busque activamente una hembra con la cual copular y al mismo tiempo, para que una hembra se encuentre receptiva al cortejo y la cópula con un macho. Sin deseo sexual, no hay cópula. Y si no hay cópula, no hay fecundación ni tampoco producción de descendencia. En cambio, como veremos un poco más adelante, las plantas no dependen del deseo sexual para lograr la fecundación del ovocito. Podríamos decir que en las plantas el sexo es frío y calculador, sin emociones ni deseos.

Pero antes de ver cómo ocurre la reproducción sexual en las plantas, hagámonos una pregunta esencial: ¿para qué sirve el sexo? El sexo es una forma de incrementar la variabilidad genética de los descendientes. Por ello, una especie con reproducción sexual incrementa su variabilidad genética a nivel poblacional. Bajo esta perspectiva, el sexo es una estrategia que implica una serie de ventajas para las especies que lo practican. Sin embargo, para que la reproducción sexual se lleve a cabo eficazmente, se necesitan unas células especiales llamadas gametos, que son de dos tipos: los gametos masculinos (que usualmente son numerosos y pequeños) y los gametos femeninos (que suelen ser poco numerosos y grandes). Los gametos en general son casi siempre haploides —esto es, que poseen la mitad de la carga genética respecto de las demás células del organismo—, de tal manera que cuando se produce la fecundación, ambos gametos se funden en una sola célula llamada cigoto, la cual completa ambas mitades de la información genética, para finalmente poseer la misma carga genética característica de la especie en cuestión (este cigoto es, por tanto, una célula diploide). Existen, por supuesto, organismos poliploides (triploides, tetraploides, etc.), pero los dejaremos de lado para no complicar la explicación.

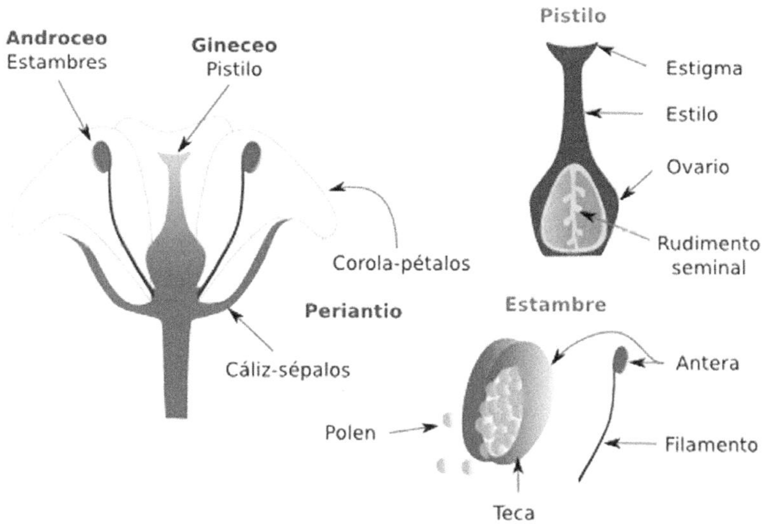

CC Manuel Megías Pacheco

Ahora sí, luego de todo este preámbulo, volvamos al sexo vegetal. Ya que las plantas —a diferencia de la mayoría de animales, incluyendo a los humanos— no pueden desplazarse para copular ni tampoco pueden concertar una cita e ir al motel más cercano, estas se las han arreglado a lo largo de su historia natural de otros modos mucho más sencillos y siempre con ayuda externa: el viento o los propios animales. Por ejemplo, el viento puede transportar de manera aleatoria los gametos sexuales masculinos, que son móviles y que también conocemos con el nombre de polen, hacia plantas de la misma especie que poseen flores con estructuras femeninas. Una vez allí, el polen (gameto masculino) fecunda al ovocito (gameto femenino). A este proceso se le conoce como polinización. Sin embargo, a pesar de que la polinización por el viento (o polinización anemófila) ayuda a las plantas a llevar a cabo la reproducción sexual, es un método muy poco preciso y mucho polen se desperdicia debido a la naturaleza aleatoria de ese tipo de polinización: solo un pequeñísimo porcentaje del polen llega finalmente a otras flores con estructuras femeninas, mientras que el resto termina en cualquier otro lugar. Afortunadamente para las plantas, hace poco más de sesenta y cinco millones de años, la polinización mediada por animales (principalmente insectos) se convirtió en esencial para las plantas con flores. Pues bien, resulta que las plantas han coevolucionado durante millones de años con muchas especies animales polinizadoras, y han generado al menos dos tipos distintos de cebos o señuelos, con el fin de que se lleve a cabo la reproducción sexual y luego se asegure —en parte— el éxito de las plantas descendientes.

Primer cebo: el néctar

Los animales polinizadores han coevolucionado durante millones de años junto a las plantas con flores y en algunos casos se han especializado al punto de que el animal depende de la existencia de la planta para sobrevivir, y viceversa. Muchos insectos como las abejas y las mariposas, algunas aves como los colibríes, y ciertas especies de murciélago, son atraídos hacia las flores para obtener un alimento altamente energético: el néctar. La única función del néctar es la de servir de alimento a los animales polinizadores, y por ello podemos considerarlo como un cebo; similar al gusano que se usa en la pesca deportiva para atraer a los peces hacia el anzuelo. De este modo, la planta provee de alimento al polinizador para atraerlo específicamente hacia la flor, que es donde se encuentran sus estructuras reproductivas. Pero la clave está en el siguiente hecho: para que el polinizador pueda acceder al néctar debe pasar muy cerca de los estambres —que forman parte de las estructuras masculinas de la flor—, que son los que liberan el polen. Mientras el polinizador se alimenta, el polen se le va enganchando poco a poco en el plumaje o el pelo. Un momento después, es probable que el animal se desplace hacia otra flor para seguir consumiendo su néctar, y si resulta que dicha flor posee estructura femenina (pistilo) y además pertenece a otra planta, entonces todo está idealmente servido para que algunos granos de polen que el animal lleva enganchados a su cuerpo —y que ha transportado desde las flores de las que se alimentó antes— ingresen al pistilo de la flor, lleguen al ovario y finalmente fecunden al ovocito. En otras palabras, la planta y el animal realizan un intercambio en el que ambos salen ganando: la flor provee el néctar que sirve de alimento al animal y el animal sirve de «intermediario sexual» entre diferentes plantas, transportando los gametos masculinos de manera dirigida y ya no aleatoria como ocurre con la polinización anemófila. ¡Qué ahorro de recursos y qué incremento de la efectividad!

Hasta este punto, los animales han ayudado a las plantas con flores a que lleven a cabo únicamente la fecundación. Pero el proceso que nos lleva hasta la descendencia recién acaba de comenzar.

Segundo cebo: el fruto

Una vez producida la fecundación, se empieza a desarrollar el embrión dentro del ovario de la flor, y poco a poco toda la estructura de la flor va cambiando. Los pétalos y sépalos se caen y el ovario empieza a desarrollarse con el embrión dentro. El receptáculo floral también experimenta una serie de cambios, siendo el principal que el tejido se vuelve carnoso y acumula agua y azúcares. Al finalizar todo este proceso, tendremos un fruto, que luego debe ir madurando hasta adquirir un color atractivo para algunos animales y unas características organolépticas particulares (olor, sabor, etc.). Los animales implicados en esta segunda etapa ya no serán los polinizadores para quienes funcionaba el primer cebo, sino otros: los llamados dispersores de semillas. La función de estos dispersores dentro del marco general de la reproducción sexual de la planta es llevarse las semillas lo más lejos posible en relación a la planta parental. Esto se logra con el segundo cebo utilizado por las plantas: el fruto. La única función del fruto es la de atraer a ciertos animales y «convencerlos» para que se lo coman. Pero ¿cómo se logra esto? Pues gracias al olor, el sabor y la apariencia. La apariencia y el olor facilitan que el animal divise los frutos desde lejos. Pero lo más importante es que los animales han aprendido que los frutos son un alimento de alta calidad: gran contenido de agua, azúcares y otros nutrientes importantes.

Sin embargo, para que todo este proceso tenga éxito y la planta logre dispersar sus semillas, estas deben ser lo suficientemente resistentes como para no ser destruidas por el animal durante la ingestión de las mismas. Esto se logra gracias a que las semillas usualmente tienen una cubierta muy resistente tanto a las fuerzas físicas que pueden ser ejercidas sobre ellas, como a la abrasión química. Esta cubierta se llama episperma o tegumento seminal. Gracias a esta característica de las semillas, los animales se comen el fruto y la semilla atraviesa todo su sistema digestivo sin destruirse por completo. Incluso la digestión animal puede ayudar a que el episperma se ablande parcialmente, lo cual será un punto a favor para la realización del último paso que veremos a continuación.

Mientras más lejos vayas, mejor

Como el proceso de digestión de los animales tarda unas cuantas horas, para el momento en que el animal dispersor sienta «ganas de ir al baño», probablemente ya se encuentre a varios metros o quizás kilómetros del lugar donde se detuvo a comer inicialmente. Esto significa que las semillas —que han sobrevivido a todo el proceso de digestión y cuyos epispermas se encuentran lo suficientemente ablandados— tienen cierta probabilidad de germinar con facilidad en el lugar en donde han sido eliminadas por el animal. Por si fuera poco, además del viaje que les proporcionó el animal dispersor, también les proporciona como último favor la materia fecal que servirá como fertilizante para que las semillas tengan aún más probabilidades de germinar. Por supuesto, hay otros factores importantísimos que van a influir en el resultado final, como por ejemplo, el tipo de suelo en donde hayan sido depositadas las heces, la temperatura y humedad ambientales, etc.

De esta asombrosa y altamente calibrada manera, las plantas con flores logran que sus descendientes germinen y prosperen lejos del «seno materno», contribuyendo así a la dispersión de la población y a la posibilidad de que la especie amplíe su distribución o que dicha distribución espacial se «desplace» cuando las condiciones cambian de un hábitat a otro. Si no fuera de este modo, las plantas descendientes germinarían muy cerca de las plantas parentales y se convertirían en competidores directos por ciertos recursos del entorno, o incluso se incrementarían las probabilidades de que toda la línea familiar muriera si tuvieran la mala suerte de que una plaga o incluso un evento catastrófico arrasase con toda la vegetación de la zona. Como podemos ver, la utilización de «cebos» en la naturaleza tiene sus grandes ventajas. No solo para el organismo que los produce, sino también para los que interactúan con dicho organismo. Al final, el resultado es de ganar-ganar.

Bibliografía

FAO. «Importancia de polinizadores»: http://www.fao.org/biodiversity/componentes/polinizadores/es/

Gómez, J. M. (2002). «Generalización en las interacciones entre plantas y polinizadores». *Revista Chilena de Historia Natural*, 75: 105-116.

National Geographic. «Animales polinizadores»: http://www.nationalgeographic.com.es/naturaleza/grandes-reportajes/animales-polinizadores_4423/1

Ollerton, J. & Coulthard, E. (2009). «Evolution of animal pollination». *Science* 326: 808-809.

EL LIBRO DE LOS REMEDIOS

Por Javier Burgos

> Prepara un ungüento de ojos para un quiste, toma allium y ajo, en iguales cantidades, muélelos juntos, pon vino y hiel de buey, en iguales cantidades, mézclalos con puerro, pon todo esto en una vasija de latón, déjalo reposar nueve días en la vasija metálica, cuélalo a través de una tela y límpialo bien, ponlo en un cuerno, y aplícalo cuando anochezca con una pluma en el ojo. El mejor remedio.
>
> *The Bald's Leechbok* (British Library, MS Royal, 12.D.XVII)
> (Traducción del inglés antiguo).

El antiguo manuscrito inglés del que se extrae esta fórmula reposa en la Biblioteca Británica. Fue escrito hace unos mil años bajo el reinado de Alfredo el Grande, rey de los Sajones del Oeste, regente de Wessex, azote de los vikingos del mar del Norte y autoproclamado monarca de los anglosajones. Fue encargado por Bald alrededor del 950 d. C. con el objetivo de recoger lo mejor del conocimiento médico de aquella época. El libro de los doctores navega aportando soluciones a enfermedades que van desde la cabeza a los pies, en ese curioso orden. Entre las páginas del libro de los remedios de Bald se esconden cientos de tratamientos, pócimas, fórmulas y demás soluciones para enfermedades de entonces, que se reúnen en un compendio que transita desde los sabañones a los labios leporinos, pasando por la cura de la parálisis o de ciertas enfermedades mentales. Algunos de ellos rozan la excentricidad, como aquel que calma el dolor de las articulaciones. Para conseguir semejante analgésico, tan solo hay que carbonizar un cráneo de lobo, triturarlo hasta conseguir un polvo y aplicarlo en las zonas doloridas. Si lo que se pretende es curar el dolor de cabeza, entonces hay que atarse a la cabeza con un pañuelo rojo un tallo de la hierba de san Andrés. Más curioso es el tratamiento para la impotencia masculina. Hay que hervir agrimonia en leche para excitar al hombre insuficientemente viril. Ojo, si en vez de leche se usa cerveza galesa, el efecto será el contrario.

Christina Lee, de la School of English de la Universidad de Nottingham, lleva años estudiando a los anglosajones y a sus enemigos íntimos, los vikingos. Hace unos años Christina decidió traducir el libro de los remedios de Bald. Habían pasado casi dos siglos desde la última transcripción, desde que Thomas Oswald Cockayne, del King's College of London, lo editara y tradujera allá por 1865. Christina pensó que ya había llegado el momento de actualizar el lenguaje y revisitar los códigos enterrados en el milenario vademécum.

Christina sabía muy bien que en aquella lejana época las infecciones eran la primera causa de muerte. Un simpe orzuelo podía ser el origen de una enfermedad terminal. Las conjuntivitis derivaban a menudo en ceguera, las heridas superficiales en gangrena, y el nacimiento de un niño, en muchos casos, se convertía en una prematura sentencia de muerte.

A Christina le llamó la atención una de las curas que recomendaba el libro de los remedios de Bald, la de los quistes de los ojos. Una suerte de combinación de verduras (ajo, cebolla, puerro...), vino inglés de la época y jugos biliares bovinos macerados en cuencos de latón.

Christina leyó el viejo códice, interpretando las expresiones, infiriendo los orígenes etimológicos, deduciendo los vocablos y analizando las frases. El paso del tiempo ha escondido palabras y ha revuelto términos, por lo que la transliteración es, cuanto menos, compleja.

El género botánico *allium* recorre desde cebollas a puerros, pasando por ajos, chalotas o cebolletas. Difícil saber a cuál de ellos se refería el autor de hace un milenio. Además, los cultivos originarios han sido mezclados o alterados a través de programas de cruce selectivo en estos últimos mil años. Un ajo ya no es un ajo, y una cebolla ya no es una cebolla. La deducción de la identidad del vino utilizado en la receta se convirtió en otro desafío. Las diferentes variedades británicas de uva vinícola han sido hibridadas con variedades norteamericanas, por lo que sería casi imposible conseguir el vino que tomaban los anglosajones del siglo IX. La receta tan solo reza «pon vino». La única pista razonable era confiar en la geología, y usarla para identificar las cepas modernas con suelos minerales semejantes a las cosechas de hace un milenio. En el libro de Winchester del año 1086, encargado por el rey Guillermo I, se listaban treinta y ocho viñedos ingleses. Una carta del 856 d. C. indicaba que el monasterio anglosajón de St. Mary's Abbey, en Glastonbury, tenía los derechos de explotación de los viñedos de Panborough. A tan solo siete millas de este pueblo, en Somerset, todavía se produce un vino blanco orgánico, el cual podría rememorar el viejo caldo de la pócima.

Basándose en todas estas evidencias Christina pensó que, tal vez, el ungüento de los quistes de ojo de hace mil años se podría resucitar. Y tal vez, solo tal vez, podría funcionar.

Christina sabía cuál era el siguiente paso, así que habló con Freya Harrison, y posteriormente con el jefe de esta, Steve Diggle, de su misma universidad. Christina había conocido a Freya en el grupo de lectura de inglés antiguo de la School of English de la universidad. A Freya le apasionaba la historia de los vikingos y los anglosajones. Christina, por su parte, buscaba desesperadamente alguien que entendiera de infecciones y enfermedades. Los tres conformaron el equipo que iba a mimetizar el arcaico ungüento. A Steve, Freya y Christina todavía les brillan los ojos cuando rememoran el experimento que saltaría a todos los medios ingleses, allá por el año 2015, desde la BBC hasta el *New Scientist*, pasando por la edición británica de la revista *Playboy*.

El libro de los remedios de Bald recoge la poción para un quiste en el ojo, es decir, probablemente para un orzuelo. Y los microbiólogos sabían que la mayoría de los orzuelos están causados por una bacteria, el *Staphylococcus aureus*. Además, los componentes de la fórmula podrían tener ciertas propiedades antimicrobianas. Así que, aplicando el principio de parsimonia, seguramente el libro de los doctores lo que realmente explicaba era cómo preparar un remedio para un orzuelo.

El estafilococo dorado es un mal compañero de viaje. No solo causa una amplia variedad de enfermedades en el ser humano, sino que además es el gran protagonista de las infecciones intrahospitalarias. La bacteria fue descrita por primera vez un poco más al norte, en la ciudad de Aberdeen, donde los chillidos de las gaviotas perforan los oídos de sus habitantes bajo un cielo marino y plomizo. Fue en 1880 cuando el cirujano Alexander Ogston, a la sazón caballero comendador de la Real Orden Victoriana, lo describió. Unas décadas después esta bacteria se convertiría en la gran protagonista del descubrimiento de la penicilina de Alexander Fleming, la cual ha salvado millones y millones de vidas desde entonces. El estafilococo moderno es ya resistente a la penicilina, y ha aprendido también a resistir la meticilina, una penicilina semisintética. Es lo que hoy en día se considera una superbacteria, un microbio que ha desarrollado resistencia a los antibióticos convencionales, y que cada vez campa más a sus anchas.

Freya realizó el experimento en el laboratorio dirigido por Steve. Cortó los vegetales, añadió el vino y la hiel de buey. No hizo falta ir a una carnicería. Compró el preparado en una empresa de reactivos. Eso sí, tuvo que calcular la concentración de sales biliares que se encuentra en la vesícula bovina. En vez de cocinar la mezcla en un recipiente de latón, decidió meter pequeñas tiras de bronce en las botellas de plástico donde realizaban la preparación. Tras nueve días de incubación, Freya demostró que la mezcla mataba las cepas de laboratorio del estafilococo áureo tanto en medio líquido como en un biofilm crecido en un gel de agar semisólido. La pócima de Bald mataba a más del noventa por ciento de las superbacterias. Ni Freya ni Steve podían creer lo que veían.

Así que el remedio del libro de Bald para los quistes de ojo resultaba ser una buena solución contra los orzuelos. Pero es que, además, bien podría convertirse en una novedosa herramienta terapéutica para las infecciones intrahospitalarias de las superbacterias, que infectan a millones de personas en el mundo.

Freya sigue realizando experimentos para avanzar con el descubrimiento. Junto con Sheyda Azimi, ha demostrado que el ungüento es más seguro en células humanas de piel que el cloranfenicol, un antibiótico clásico. Los siguientes estudios se deberán realizar en animales de experimentación.

Freya y sus colegas llaman al proyecto «AncientBiotics», haciendo un juego de palabras que pretende proponer el viejo uso de los remedios medievales como nueva apuesta en la lucha frente a las infecciones bacterianas. Este es, sin duda, un curioso ejemplo de cómo resolver una enfermedad antes de conocer su causa, una suerte de serendipia con cientos de años de retraso, una medicina diseñada diez siglos antes del descubrimiento de su origen, una pócima antibiótica contra las bacterias descubiertas mil años después.

Freya sigue trabajando en su proyecto. Pero a todos nos surge una duda que trasciende a la extraña conjunción de los equipos de historiadores y de microbiólogos de la Universidad de Nottingham. Y esa duda es si el libro de los remedios de Bald albergará algún otro secreto médico escondido entre las locas pociones y fórmulas medievales de aquella época oscura. ¿Y si la solución a alguno de los grandes problemas médicos actuales durmiera el sueño de los justos en una amarillenta página de un vetusto libro de uno de los miles de anaqueles de una vieja biblioteca?

> 25 ml de cabeza de ajo pelada y cortada en finas lonchas se mezclaron con 25 ml de cebolla amarilla pelada y cortada en finas lonchas o con 25 ml de puerro (hojas) cortado en finas lonchas, y estos ingredientes se trituraron en un mortero durante dos minutos [...]. Los vegetales frescos se compraron en una frutería. Se añadieron 25 ml de vino (Pennard Organic Wines) a los vegetales triturados [...]. Añadimos 25 ml de sales biliares bovinas (Fluka/Sigma Aldrich) disueltas en agua a una concentración de 87 mg • ml^{-1} [...]. La mezcla [...] se colocó en una botella Duran estéril de 250 ml [...] y nueve hojas de latón 260 de 15 mm cuadrados de 0,51 mm limpias y estériles (Hypertriton, Inc., Canadá) fueron añadidas a la botella [...]. La fórmula [...] fue refrigerada a 4°C durante nueve días».
>
> Harrison, F., *et al.*, 2015. *Mbio*, 11;6(4):e01129.